R. Preuß · R. Scheffler

Baureihe 99.64-71

trans press Fahrzeugportrait

Reiner Preuß · Reiner Scheffler

Baureihe 99.64-71

trans press

Einbandgestaltung: Andreas Pflaum

Titelbild: Reiner Preuß
Noch ist sie unter Dampf: Museumslokomotive 99 1713-9 vor einem Traditionszug am 1. Mai 1998 auf der Strecke Radebeul Ost–Radeburg.

Rücktitelbild: Jürgen Krantz
099 651-2 war die letzte Schmalspurdampflok der Deutschen Bundesbahn und die einzige, die eine EDV-gerechte DB-Nummer erhielt. Im Herbst 1968 zeigt sie sich in voller Schönheit in Heilbronn-Süd, dem Ausgangspunkt der Bottwartalbahn nach Marbach/Neckar.

ISBN: 3-613-71123-0

Postfach 10 37 43, 70032 Stuttgart
Ein Unternehmen der
Paul Pietsch Verlage GmbH+Co
1. Auflage 2000

Lektorat: Claus-Jürgen Jacobson
Innengestaltung: Viktor Stern
Scans: digi bild reinhardt, 73037 Göppingen
Druck: Fotolito LONGO, I-39100 Bozen
Bindung: Fotolito LONGO, I-39100 Bozen
Printed in Italy

Vorwort

Mit 62 Lokomotiven gehörte die Baureihe 99^{64-71} nach der Baureihe 99^{51-60} zu den am meisten gebauten Schmalspur-Lokomotiven in Deutschland. Der zuerst als Gattung VI K eingereihte Zufallserwerb von einer außersächsischen Lokomotivfabrik (erst die Nachbauten kamen von anderen Werken und auch aus Chemnitz) war über mehrere Jahre zugleich die leistungsstärkste Schmalspur-Lokomotive Sachsens. Unter ähnlichen Streckenverhältnissen machte sie auch in Württemberg Furore. Zwar kamen bald danach stärkere Maschinen ins Land, dennoch blieb die Baureihe 99^{64-71} über Jahrzehnte das dominierende Zugmittel und erbrachte in Sachsen bis 1974 planmäßige Leistungen.

Vier Maschinen blieben bis heute erhalten, zwei fahren in Sachsen und eine in Baden-Württemberg noch in der Gegenwart regelmäßig vor Traditionszügen, wenn auch nur an wenigen Tagen im Jahr. Eine weitere Lokomotive ist als Denkmal aufgestellt. Das Buch beschreibt die Baureihe und vor allem den Einsatz der Maschinen im Zeitraum von 55 Jahren.

Leider gingen unsere Bemühungen ins Leere, die Entwicklung der Lokomotivgattung beim Hersteller zu ergründen. Wir danken Herrn Klaus Jünemann (Berlin) für seine wertvollen Hinweise zu einigen Textpassagen, Herrn Hans Galistel (Radeburg) für die fachkundige Beratung und Herrn Ralf Wohllebe (Chemnitz), der uns mit Betriebsbuchunterlagen unterstützte.

Berlin und Oschatz, Januar 2000
Reiner Preuß und Reiner Scheffler

Inhalt

Ein markantes Gesicht auf deutschen Schmalspurgleisen: über ein halbes Jahrhundert prägten diese Lokomotiven das Bild der Schmalspurbahnen in Sachsen und Württemberg. Die Lokomotive 99 651 vertritt beide Einsatzgebiete, denn sie war ursprünglich in Sachsen zu Hause, kam dann aber nach Württemberg und blieb dort bis zur Ausmusterung. 1965 wartet sie in Beilstein auf Ausfahrt nach Marbach. *Foto: J. Krantz*

40 Jahre Schmalspurbahnbetrieb und immer bessere Lokomotiven

Im Jahre 1918 besaß der sächsische Staat Schmalspurstrecken mit einer Betriebslänge von 519,88 km. Damit war im Vergleich mit den anderen deutschen Staaten eine Spitzenstellung erreicht worden. Nach Gründung der Deutschen Reichsbahn im Jahre 1920 und der Bildung von Direktionen hatte die für Sachsen zuständige Reichsbahndirektion Dresden mit 59,89% den höchsten Anteil an schmalspurigen Strecken im Verhältnis zur Gesamtlänge der eigenen Eisenbahnstrecken. Die Direktion Stuttgart mit dem nächstgrößeren Anteil (von ihrem Gesamtstreckennetz) hatte mit der Betriebslänge von 121,17 km nur 13,18%, die Direktion Halle gar nur 0,05%[1]. Der hohe Anteil an Schmalspurstrecken war in Sachsen recht schnell gewachsen, die größte Ausdehnung wurde im Jahre 1921 erreicht.

Obwohl mit der »Bahnordnung für deutsche Eisenbahnen untergeordneter Bedeutung«, in Kraft getreten am 1. Juli 1878, den Eisenbahnverwaltungen vom Gesetzgeber wesentliche Erleichterungen für den Bau und Betrieb von Eisenbahnlinien gestattet worden waren, entschieden sich deutsche Regierungen erst später und meist unter Berufung auf die Erfahrungen im Ausland für schmalspurige Bahnen. Zwar war die erste deutsche Schmalspurbahn mit öffentlichem Verkehr bereits seit 1862 nur für den Güterverkehr und als Pferdebahn von Hennef (Warth) nach Ruppichteroth und Abzweig nach Schönenberg mit einer Spurweite von 785 mm und der Betriebslänge von 22,6 km in Betrieb (die Strecke kam später zur weiter ausgebauten und mit Dampflokomotiven betriebenen Bröhltal-Eisenbahn), doch im Königreich Sachsen gab es die erste Schmalspurbahn erst seit 17. Oktober 1881. Sie führte von Wilkau nach Kirchberg (6,52 km) und hatte eine Spurweite von 750 mm. Diese Schmalspurlinie wurde in der Folgezeit in mehreren Abschnitten bis nach Carlsfeld verlängert, ebenso wurden weitere Schmalspurstrecken in anderen Landesteilen eröffnet.

Die Notwendigkeit, Eisenbahnstrecken in geringerer Spurweite als in Normalspur herzustellen, war immer umstritten. Die wirtschaftlichen Verhältnisse in den Krisen, die mit den sog. Gründerjahren nach dem Deutsch-Französischen Krieg von 1870/71 ausgelöst wurden, ließen weitere Eisenbahnbauten in bisher bekannten Abmessungen nicht zu. Privaten Unternehmen wie auch dem Staat fehlte das Kapital. Andererseits fühlte sich der Staat den Landesteilen verpflichtet und kam schließlich, nach langen kontroversen Diskussionen, zu der Meinung, die Eisenbahnstrecken und folglich die Fahrzeuge in kleineren Abmessungen zu bauen. Dabei sollten schmalspurige Bahnstrecken einem Verkehrsbedürfnis gerecht werden, wo die zu erwartenden wirtschaftlichen Erträge sowie der Bauaufwand bei der Trassierung eine normalspurige nicht rechtfertigten, dem Gewerbe und der Bevölkerung aber die Eisenbahnstrecke nicht gänzlich versagt werden konnte.

1 Weil die Grenze zwischen den Direktionen Dresden und Halle vor dem Bahnhof Neichen auf der Strecke Mügeln (b Oschatz)–Neichen lag.

Die weitere Entwicklung der sächsischen Schmalspurbahnen berührte nicht allein den Streckenzuwachs. Gleichzeitig wurde der Fahrzeugpark weiterentwickelt und verbessert. Mit Rollböcken war bald die erste brauchbare Lösung gefunden, das leidige Umladen der Güter zwischen Wagen unterschiedlicher Spurweite zu vermeiden. Regierung und Staatseisenbahnen kümmerten sich um den Betrieb auf den schmalspurigen Strecken, Experten sahen sich bei anderen Bahnen um und zogen Schlußfolgerungen für den eigenen Schmalspurbahnbetrieb. Die auffälligsten Neuerungen gab es zweifellos bei den Lokomotiven.

Mehr Strecken und längere Züge

Mit der Strecke Wilkau–Kirchberg hatte es begonnen, bald gingen weitere Strecken in Betrieb (s. Tabelle). Die Züge sollten als gemischte Züge für die Personen- und Güterbeförderung verkehren. Zwischen Oschatz und Döbeln gab es auch reine Güterzüge, besonders während der Rübenkampagne. Die Fahrt mit einem gemischten Zug war nicht immer die reine Freude, denn der Zug mußte unterwegs Güterwagen absetzen und aufnehmen, was die Reisezeit verlängerte. Wo es die Verhältnisse erlaubten, fuhren bald reine Personen- und Güterzüge. Die Leistungen im Personen- und Güterverkehr waren in Sachsen etwa 1 : 1, anders als bei der Normalspur, wo der Gütertransport überwog. So regte sich bei einigen Strecken Missmut unter der Bevölkerung, wenn ihr für ihre Reise Personenwagen in Güterzügen angeboten wurden. Im Lokomotivpark konnte die Bahnverwaltung keine Trennung vorsehen, da sie nicht auf die freizügige Verwendung der Lokomotiven sowohl im Personenzugdienst als auch im Güterzugdienst verzichten wollte. Immerhin gab es seitens der Generaldirektion Hinweise an die für die Strecken zuständigen Bahnverwalter, die Lokomotiven unterschiedlicher Gattung zweckmäßig den jeweiligen Zugarten zuzuordnen.

Die Schmalspurstrecken in Sachsen (1923)

Strecke	Betriebslänge (km)
Spurweite 750 mm	
Wilkau–Carlsfeld	41,85
Grünstädtel–Oberrittersgrün	9,36
Mosel–Ortmannsdorf	13,94
Cranzahl–Oberwiesenthal	17,35
Wolkenstein–Jöhstadt [1]	24,33
Schönfeld-Wiesa–Meinersdorf[T]	29,78
Wilischthal–Thum[T]	13,54
Hetzdorf (Flöhatal)–Großwaltersdorf	13,56
Mulda–Sayda	15,48
Klingenberg-Colmnitz–Frauenstein[W]	19,71
Oberdittmannnsdorf–Klingenberg-Colmnitz[W]	18,47
Hainsberg–Kipsdorf	26,19
Hainsberg–Freital-Potschappel[2]	3,25
Freital-Potschappel–Nossen[W]	38,79
Wilsdruff–Meißen-Triebischtal[W]	17,55
Garsebach–Löthain[M]	3,00
Löthain–Lommatzsch[M]	12,68
Mertitz–Gärtitz[W]	18,63
Oschatz–Strehla[3,M]	12,03
Oschatz–Döbeln[M]	31,27
Mügeln–Nerchau-Trebsen[M]	23,94
Nebitzschen–Kroptewitz[M]	6,31
Radebeul–Radeburg	16,49
Heidenau–Altenberg	41,54
Kohlmühle–Hohnstein (Sächs Schweiz)	12,13
Taubenheim (Spree)–Dürrhennersdorf	12,04
Herrnhut–Bernstadt (Oberlaus.)	10,10
Zittau–Hermsdorf (Böhm.)	15,73
Zittau–Oybin	10,58
Bertsdorf–Jonsdorf	3,83
Spurweite 1000 mm	
Reichenbach (Vogtl) unt Bf–Oberheinsdorf	5,40
Klingenthal–Untersachsenberg-Georgenthal	4,11

1897 wurde die Strecke Klotzsche–Königsbrück (19,49 km) von 750-mm-Spur auf Normalspur umgebaut.

[1] bis Ladestelle +1,38 km
[2] Verbindungsbahn für Güterverkehr
[3] bis Elbufer
[T] gehört zum sog. Thumer Netz
[W] gehört zum sog. Wilsdruffer Netz
[M] gehört zum sog. Mügelner Netz

Galt bei der ersten sächsischen Schmalspurstrecke als Zuggeschwindigkeit 15 km/h, fuhren 1918 die Züge in der Regel 25 km/h. Zu dieser Zeit lagen die Zuglasten bei Personenzügen in der Regel um 150 t, bei Güterzügen um 225 t. Als stärkste Neigung war das Verhältnis 1:30 (33‰) zu berücksichtigen. Die größte Streckenbelastung hatte Freital-Potschappel–Wilsdruff–Nossen, gefolgt von Mügeln b. Pirna–Altenberg (bis zum Neubau als Normalspurbahn). Auf diesen Strecken wurden die meisten Zugkilometer gefahren, was die Personenzüge betrifft. Etwas anders sah es bei den Güterzugfahrten aus, da lag mit Zugkilometern die Strecke Mügeln b. Pirna–Altenberg an der Spitze, gefolgt von Oschatz–Neichen.

Der recht einfache Oberbau war in den ersten Jahren nahezu feldbahnmäßig ausgeführt. Die Gleise bestanden aus Stahlschienen des Profils Ia (15,6 kg/m), die mit Hakennägeln auf getränkten Fichtenholzschwellen befestigt wurden. Immerhin lagen die Gleise von Anfang an auf einem Schotterbett und nicht auf Kies. Mit einer Achsfahrmasse von nur 2,6 t drückten die Lokomotiven auf das Gleis. In den weiteren Betriebsjahren ging man zu einem festeren Oberbau mit dem Schienenprofil Ib (17,63 kg/m), Doppelkopfnägeln und kürzerem Schwellenabstand über. Die Deutsche Reichsbahn verwendete gebrauchtes Material, das bei der Erneuerung des Oberbaus auf den Normalspurstrecken anfiel. Aber nicht auf jeder Strecke wurden Oberbau und Kunstbauten verstärkt, so daß sich auf diesen der Einsatz von Lokomotiven mit höherer Achsfahrmasse verbot.

Es wird experimentiert

Zuerst gab es bis auf eine Ausnahme kleine Tenderlokomotiven mit drei gekuppelten Achsen, von der Sächsischen Maschinenfabrik in Chemnitz zum Stückpreis von 15.000 Mark geliefert. Bei einer Dienstmasse von etwa 16 t boten sie eine Zugkraft von 21 kN. Die Radsätze lagerten fest im Rahmen, dadurch nutzten sich die Radreifen erheblich ab, wenn die Maschinen durch die engen Kurven fuhren. Die Königlich Sächsischen Staatseisenbahnen bezeichneten die Lokomotiven dieser Bauart als Gattung V TK, später als I K. Die Lokomotiven 27 bis 30 erhielten den vorderen Radsatz nach Bauart Klien-Lindner, der sich radial einstellen konnte. Eine solche Radsatz-Konstruktion war schon eine brauchbare Lösung, die den Verschleiß minderte, jedoch trug sie dazu bei, daß die kleinen Maschinen leichter entgleisten. Obwohl die Lokomotiven der Gattung I K recht lange im Einsatz waren, einzelne gingen noch nach 1920 in den Betriebspark der Deutschen Reichsbahn über, suchte die Generaldirektion der sächsischen Staatseisenbahnen leistungsstärkere Maschinen.

Auf einzelnen Strecken entwickelte sich der Güterverkehr stärker als ursprünglich erwartet (siehe Tabelle unten), seit 1885 gab es Rollböcke und seit 1901 Rollwagen, die auf Spurwechselstationen normalspurige Güterwagen aufnahmen, so daß der Übergang von Gütern zwischen Normalspur und Schmalspur sowie umgekehrt schneller und für das Gut schonender vonstatten ging, jedoch die Lokomotiven mußten nun größere Lasten ziehen. Auch der Personenverkehr entwickelte sich, so fuhren auf der Müglitztalbahn von Mügeln b. Pirna nach Geising-Altenberg 287 696 Personen im Jahre 1892, im Jahre 1913 waren es 414 860.

Güterverkehr auf ausgewählten Strecken (in t)

	Radebeul–Radeburg	Hainsberg–Kipsdorf	Potschappel–Wilsdruff (–Nossen)	Mügeln b. Pirna–Geising-Altenberg
1884		27 296		
1885	14 741	25 393		
1886	14 447	28 849		
1887	14 980	30 845	9 257	
1888	17 396	35 802	10 645	
1889	19 717	39 036	13 048	
1890	21 216	45 049	13 172	
1891	23 676	45 387	15 098	71 083
1892	26 669	46 976	13 994	74 925
1893	29 095	48 299	16 919	86 922
1894	27 885	49 398	17 658	75 671
1912	77 157	219 587	133 944	194 732
1913	76 946	238 787	124 873	215 667

Die wachsende Betriebslänge, größere Lasten und mehr Züge zwangen die Generaldirektion dazu, weitere Lokomotiven zu beschaffen. Mitunter behalf man sich mit der Doppelbespannung von Zügen, doch war dies schon wegen der Doppelbesetzung mit Lokomotivpersonal eine unwirtschaftliche Lösung. Die zwei Fairlie-Lokomotiven aus England (Gattung II K), die auf der Strecke Hainsberg–Kipsdorf ausprobiert wurden, befriedigten wenig, und auch das Verbinden zweier Maschinen der Gattung I K zu einer Doppellokomotive (Gattung II K neu) blieb eine Hilfslösung – das Doppel 62 A/B fuhr ganze drei Jahre, das andere Doppel 61 A/B immerhin bis 1919.

Nach den guten Erfahrungen, die Bahnen in Bosnien mit Stütztenderlokomotiven der Lokomotivfabrik Krauss & Comp., München, mit den beweglichen Klose-Triebwerken machten, kaufte die Generaldirektion zwei Maschinen und ließ von der Sächsischen Maschinenfabrik vier gleichartige Maschinen nachbauen. Die Zugkraft von 2,5 kN erwies sich allerdings auf den Steigungsstrecken als doch nicht befriedigend, außerdem galt das als »Heuwender« verspottete Triebwerk – berechtigt oder nicht – als zu kompliziert.

Ein großer Wurf waren die Meyer-Lokomotiven, die die Sächsische Maschinenfabrik als Bauart B'B'n4vt auslieferte, denn dank zweier Drehgestelle fuhren sie recht kurvenfreundlich und mit dem Verbundtriebwerk wirtschaftlich. Sie erhielten die Gattungsbezeichnung IV K. Die Zugkraft war gegenüber den Lokomotiven der Gattung I K teilweise mehr als doppelt so groß. In mehreren Baulosen vom Hersteller zwischen 1892 und 1916 geliefert, erbrachten die Lokomotiven dieser Bauart die Hauptleistung im Zugdienst. Ihre große Stückzahl

Ein großer Wurf waren die B'B'n4vt-Lokomotiven Bauart Meyer der Gattung IV K. Die letzten Vertreterinnen dieser erfolgreichen Serie liefen planmäßig bis Anfang der neunziger Jahre zwischen Oschatz und Kemmlitz. Im Winter 1968 rangiert die Lokomotive 99 551 im Bahnhof Oschatz. *Foto: Scheffler*

Bezeichnung der Bauart

Um die Achsanordnung und weitere technische Merkmale einer Lokomotive kurz beschreiben zu können, nahm der Verband Deutscher Eisenbahnverwaltungen im Jahre 1908 den Vorschlag der Zeitschrift »Organ für die Fortschritte des Eisenbahnwesens« auf und legte unter anderem fest: die Anzahl angetriebener Achsen wird mit Großbuchstaben, die Anzahl der Laufachsen mit arabischen Ziffern bezeichnet, und zwar in der Reihenfolge der Achsen. Bei Gelenklokomotiven wollte man wissen, welche Achsen oder welche Achsgruppen nicht im Hauptrahmen lagern. Der Technische Ausschuß des Verbandes Mitteleuropäischer Eisenbahnverwaltungen gab im Jahre 1936 Hinweise, dafür den Apostroph oder die Klammer zu verwenden.

und die hohe Zuverlässigkeit trugen ihnen den Ruf der Universallokomotive ein; sie waren auf jeder sächsischen Schmalspurstrecke der Spurweite von 750 mm zu finden. Die Maschinen waren bei den Lokomotivpersonalen beliebt. Was die Leistung (Zugkraft) angeht, besaßen die sächsischen Schmalspurbahnen zum Schluß des Ersten Weltkriegs mit der Gattung IV K ihre stärksten Maschinen. Gemessen am »Zughaken«, also an der Kupplung, fuhren sie mit 170 PS und dank zweier Dampfdrehgestelle anstandslos durch die Krümmungen.

Zumindest für die Müglitztalbahn, die vom Anfangs- bis zum Endpunkt fast stetig in der Steigung lag, besorgten die sächsischen Staatseisenbahnen von 1901 bis 1907 noch weitere Lokomotiven, denen als Bauart Dn2vt allerdings das Drehgestell fehlte, die aber dafür zwei Klien-Lindner-Achsen besaßen. Mit ihrer Zugkraft wurden sie den Anforderungen weitgehend gerecht. Allerdings konnten die Zweizylindermaschinen mit Verbundtriebwerk (Gattung V K) der idealen Gattung IV K nicht den Rang ablaufen, denn der Unterhaltungsaufwand erwies sich nicht – wie erwartet – als billiger, sondern eher als teurer. Außerdem war die Laufruhe bei größerer Leistung schlechter als bei den Maschinen der Gattung IV K. Es blieb bei neun Maschinen.

1918 verwalteten die Maschinenämter in Dresden, Chemnitz, Zwickau und Bautzen für die Schmalspurstrecken 153 betriebsfähige Lokomotiven, welche in fünf Bauartgruppen eingeteilt und in 40 Lokomotivbahnhöfen beheimatet waren. Davon befanden sich kriegsbedingt sieben Maschinen (Betriebsnummern 37, 42, 123, 139, 147, 148 und 174) im sog. »Osteinsatz«, wo sie an der deutsch-russischen Front die Heeresfeldbahnen unterstützten.

In den 40 Jahren Schmalspurbetrieb hielten beim Oberbau, bei der Betriebsführung, bei Lokomotiven und Wagen mehrere Neuerungen Einzug. Bis zum Ende des Ersten Weltkriegs besaßen die Eisenbahner bei den sächsischen Staatseisenbahnen einen großen Erfahrungsschatz zum Betrieb von Schmalspurbahnen. Die Strecken waren unterschiedlich belastet, sie lagen mit recht unterschiedlichen Neigungen im Mittelgebirge wie im flachen Land. Stärkere Zugkraft war besonders auf den Strecken von Zittau, Thum, zwischen Potschappel und Wilsdruff und auf der Müglitztalbahn wegen gestiegener Lasten im Güterverkehr notwendig. Eine Last von 150 t nötigte den Maschinen der Gattung IV K die letzten Reserven ab, dabei waren es nur 5 Normalspurwagen und der Packwagen, um auf die 150 t Last zu kommen. In Steigungen bis zu 1 : 50 schafften die Lokomotiven der Gattungen IV K und V K wenigstens 200 t mit längerer Fahrzeit. Schon deshalb erwog man, die leistungsstarken Strecken auf Normalspur umzubauen.

Auch außerhalb Sachsens, bei den Württembergischen Staatsbahnen, wo der schmalspurige Streckenanteil im Jahre 1918 auf 118 km angewachsen war (Spurweite 750 mm), lagen ähnliche Streckenverhältnisse vor und wurden gleiche Zuglasten gefahren wie in Sachsen. In Württemberg gab es staatliche wie auch private Schmalspurbahnen. Für die Strecken der bisherigen württembergischen Staatsbahn war seit 1920 die Reichsbahndirektion Stuttgart zuständig, und sie suchte ebenfalls nach neuen Lokomotiven. Zwar waren bei

Ähnlich wie in Sachsen versahen auch auf den württembergischen 750-mm-Strecken bis zum Eintreffen der Bauart 99⁶⁴⁻⁷¹ Gelenklokomotiven einen Großteil der Dienste, allerdings entsprach die württembergische Tssd der Bauart Mallet. Letzte betriebsfähige Maschine war die Lokomotive 99 633, die zum Schluß in Oberschwaben zu Hause war. *Foto: Sammlung Koppisch, Archiv transpress*

ihr die Maschinen mit dem Klose-Triebwerk aus den Jahren 1894 (wü. Klasse Tss 4) und 1896 (Klasse Tss 3) nicht so unbeliebt wie in Sachsen, doch auch die württembergischen Maschinen waren am Ende der Leistungsfähigkeit. Anderseits stieg auf den Strecken Marbach–Beilstein (Bottwartalbahn), Schussenried–Buchau (Federseebahn) und auch auf der Strecke Lauffen–Güglingen im Zabergäu der Güterverkehr an. Noch gab es neben der Klose-Bauart die Mallet-Lokomotiven der Klasse Tssd (Baujahre 1899 bis 1913) aus der Maschinenfabrik Esslingen. Mit ihrem Vierzylinder-Verbundtriebwerk brachten sie nahezu die gleichen Leistungen wie die Meyer-Lokomotiven der sächsischen Gattung IV K. Neun Maschinen (Betriebsnummern 41 bis 49) leisteten einen zufriedenstellenden Zugdienst. Sie waren bei den Lokomotivbahnhöfen Beilstein, Güglingen, Heilbronn und Ochsenhausen beheimatet.

Bei beiden Bahnen, in Sachsen und in Württemberg, wurde nach besseren Lokomotiven gesucht, die Sachsen hatten sie eher.

Die staatlichen Schmalspurstrecken in Württemberg (1916)

Strecke	Betriebslänge (km)
Spurweite 750 mm	
Marbach (Neckar)–Beilstein–Heilbronn Süd (Bottwartalbahn)	47,19
Lauffen (Neckar)–Güglingen–Leonbronn (Zabergäubahn)	20,25
Schussenried–Bad Buchau–Riedlingen (Federseebahn)	29,34
Ochsenhausen–Warthausen–Biberach	17,22
Spurweite 1000 mm	
Nagold–Altensteig	15,11

Endlich die Gattung VI K!

Die Dresdener fanden eine neue Lokomotive, die nicht erst entworfen und nicht gebaut werden mußte. Sie war schon da, man mußte sie nur bezahlen, abholen und ausprobieren. Für Sachsen und später auch für Württemberg begann damit eine neue Leistungsepoche mit einem neuen Lokomotivtyp, der ursprünglich für die Schmalspurbahnen des öffentlichen Verkehrs gar nicht gedacht war.

An der Ostfront leitete die deutsche Militär-Generaldirektion Warschau die Feldeisenbahnen, die militärisch betrieben wurden. Überwiegend lagen die Strecken in der Spurweite von 600 mm und wurden von sogenannten Brigade-Lokomotiven befahren. An zwei Stellen galt jedoch die Spurweite von 750 mm, und zwar bei Thorn (heute Torun) vor der Festung, wo die sächsischen Regimenter 12 und 19 lagen, und an der Front bei der »Kriegs-Kleinbahn Uhnow-Adelinka« östlich von Zamosz (heute Zamosc), die als Verbindung einer Rübenbahn an das Hauptnetz gedacht war. Mit dem Bau der Bahn und deren Betrieb waren die sächsischen Staatseisenbahnen beauftragt worden, weil sie Erfahrungen mit Bahnen solcher Spurweite besaßen. Daß diese Bahn eine Spurweite von 750 mm hatte, war wohl der Vorliebe des Feldeisenbahnchefs für diese Spur zu verdanken. Aus [2] geht hervor, daß auf der Bahn schwere Fahrzeuge fuhren. So gab es wohl Bedarf für leistungsstarke Lokomotiven.

1917 bestellte die Versuchsabteilung der Verkehrstruppen Berlin bei der im Bau von Heeresfeldbahnlokomotiven erfahrenen Firma Henschel & Sohn in Kassel 15 Lokomotiven für den Streckeneinsatz im Bereich der Militär-Generaldirektion Warschau. Bereits ein Jahr danach waren die Lokomotiven fertiggestellt, sie wurden im Werk einer Kesseldruckprobe und einer Prüfung auf Eignung des Triebwerklaufs unterzogen und standen ab November 1918 zum Einsatz bereit. Die Militär-Generaldirektion hatte die Maschinen mit den Nummern 7525 bis 7539 mit dem Zusatz H (für Heeresfeldbahn) bezeichnet und übergab sie buchmäßig dem sog. »Eisenbahn-Ersatzpark«. Nahezu zur gleichen Zeit kam es an der Ostfront zum Waffenstillstand, und damit wurden die geplanten Heeresfeldbahneinsätze der neuen Bauart hinfällig.

Mit dieser Maschine war in Kassel eine Konstruktion entstanden, die die bisherigen Lokomotivtypen für Feldeisenbahnen um ein Vielfaches übertraf. Mit dem fünffach gekuppelten Laufwerk und mit 40 t Dienstmasse lasteten auf den Schienen 8 t je Achse. Dazu hätte es bei den Heeresfeldbahnen eines starken Oberbaus bedurft. Als die Sächsischen Staatseisenbahnen von den überzähligen Maschinen erfuhren, inspizierten Experten vor Ort die neuen Fahrzeuge und kauften trotz mancher Bedenken alle 15 Lokomotiven zum Stückpreis von 92.000 Reichsmark.

Die erste traf am 28. August 1919 in Sachsen ein, im September kamen elf Lokomotiven, im November zwei und im Mai 1920 die letzte an. Als Gattung wurde in der verwendeten Folge die nächste be-

Auf einer Postkarte präsentiert die Firma Henschel & Sohn die ursprünglich für die Heeresfeldbahn gedachte Lokomotive. Die Bezeichnung »MGD 7575 II« an der Seitenfront wurde überstrichen, ist mit Mühe aber noch zu erkennen.
Foto: Sammlung E. Preuß

Nach einer Probefahrt im Jahr 1920 steht die Lokomotive 216 vor ihrem Zug im Rabenauer Grund (Hainsberg–Kipsdorf). Eine so große und bullig wirkende Maschine hatten die Eisenbahner bis dahin noch nie zu Gesicht bekommen.
Foto: Sammlung Wunderwald

stimmt, also VI K. Sie erhielten die Betriebsnummern 210 bis 224. Das Maschinenamt I in Dresden erprobte alle Maschinen auf der Strecke Hainsberg–Kipsdorf, die fast vor der Haustür lag und sich mit ihrer Länge und nahezu durchgehenden Neigung für Probefahrten gut eignete. Die erste gab es Mitte September, wobei die Lokomotive, für die die Betriebsnummer 211 vorgesehen war, außer dem Fabrikschild noch keine offizielle Bezeichnungen trug. Die zweite Probefahrt fand als Leistungsvergleich zwischen der Gattung IV K (mit Lokomotive 194) und der neuen Gattung VI K (mit Lokomotive 217) am 23. September 1919 statt. Der Fünfkuppler zeigte

Dieses Bild von 1920 zeigt die Lokomotive mit der sächsischen Betriebsnummer 218, angeschrieben an der Seitenfront. Über dem Langkessel liegt das Seil der Heberleinbremse, Einrichtungen für die Saugluftbremse fehlen noch. *Foto: Reinstein, Sammlung Moll*

Im Jahr 1936 zieht die Lokomotive 99 648 einen Zug nach Meißen-Triebischtal an der Blockstelle Götterfelsen (für die normalspurige Strecke Leipzig–Dresden) vorbei, hinter der Lok läuft ein wohl für Stückgut vorgesehener gedeckter Güterwagen. *Foto: Sammlung Treichel*

deutlich seine Überlegenheit. Das Personal staunte: eine solch große und bullig wirkende Maschine hatte es auf den Schmalspurbahnen noch nicht gegeben. Man ging vorsichtig mit ihr um, die enorme Leistung von 390 PSe imponierte (IV K nur 170 PSe) und machte sich schon beim Anfahren bemerkbar. Mit diesen Lokomotiven hatte Sachsen seine ersten fünffach gekuppelten Maschinen und seine ersten Heißdampflokomotiven auf den Schmalspurstrecken. Skepsis erzeugte der Achsantrieb. In den Krümmungen kam es zu Entgleisungen, die Schienenstränge mußten deshalb sofort verstärkt und teilweise auch

In Oberbobritzsch (Strecke Klingenberg-Colmnitz–Frauenstein) steht die Lokomotive 99 643 von Henschel & Sohn, gut am gewölbten Dampfdom zu sehen. Ebenfalls gut zu erkennen ist der Antrieb auf dem vierten Radsatz. *Foto: Hubert*

Die Strecke nach Frauenstein war nicht für Rollfahrzeuge vorgesehen, daher zieht die Henschel-Lokomotive der Baureihe 99^{64-71} im Jahr 1959 bei Oberbobritzsch ausschließlich Schmalspurfahrzeuge. *Foto: Scheffler*

Was ist eine »Baureihe«?

Der Umzeichnungsplan der Deutschen Reichsbahn vom 25. Juli 1923 legte fest, wie im Betrieb die Lokomotiven zu bezeichnen sind – eine Vorgabe, die nahezu unverändert bis heute gültig ist. Die Lokomotiven erhielten an erster Stelle eine »Stammnummernreihe«, Schmalspurlokomotiven aller Spurweiten zum Beispiel die 99. Innerhalb dieser Stammnummernreihe erhielten die Lokomotiven gleicher Bauart aufeinanderfolgende Betriebsnummern. Um Lokomotiven gleicher Bauart kurz bezeichnen zu können, wurde der Stammnummer ein hochgestellter Index angefügt, der sich aus der Betriebsnummernreihe in verkürzter Form ergab. Eine solche Bezeichnung gilt als »Baureihe«. Die in dieser Schrift beschriebenen Lokomotiven erhielten so die Baureihenbezeichnung 99^{64-71}. Neuerdings, um sich das Schreiben einfacher zu machen, wird der Index nicht mehr hochgestellt, sondern mit einem Punkt von der Stammnummer getrennt, z. B. heißt es dann »99.64-71« (siehe Titel).

erneuert werden. Die letzte Probefahrt gab es mit den Lokomotiven 210 und 213 am 7. Juni 1920. Die 15 Maschinen wurden auf folgende Lokomotivbahnhöfe verteilt: 7 kamen nach Hainsberg, 4 nach Wilsdruff, 2 nach Potschappel (seit 1921 Freital-Potschappel), 1 nach Glashütte und 1 nach Mügeln b. Pirna. Nicht immer konnten die Lokomotiven sofort in Dienst genommen werden. Neben den schon genannten Oberbauarbeiten mußten die Heizhäuser verlängert werden, Verbreiterungen wie auch Ständeänderungen wurden nötig. Ebenso mußten neue Wasseraufnahmestellen geschaffen werden. War das alles getan, gingen die Maschinen mit täglichen Laufleistungen von 200 km auf die Strecke, vorrangig im Güterverkehr, wo bis zu 50 Prozent höhere Lasten befördert wurden und die bislang notwendigen Vorspanndienste entfielen.

Mit der Bildung der Deutschen Reichsbahn aus den einzelnen Staatsbahnen (Länderbahnen genannt) mußte für sämtliche Lokomotiven ein einheitliches System der Bezeichnungen gefunden werden (siehe Kasten).

Unverkennbar eine Bundesbahn-Maschine, aber an ihrem gewölbten Dom unschwer als echte VI K zu erkennen ist die Lokomotive 99 650. Vor einem waschechten württembergischen Schmalspurzug steht die Maschine im Bahnhof Heilbronn Süd, dem Ausgangspunkt der Bottwartalbahn nach Marbach (Neckar). *Foto: O. Blaschke*

Die Maschinen der Gattung VI K erhielten die Betriebsnummern 99 641 bis 99 655. Die Deutsche Reichsbahn verwendete von 1923 an auch Gattungszeichen (nicht zu verwechseln mit den Gattungsbezeichnungen bei den sächsischen und württembergischen Staatsbahnen), die als Betriebsgattung an beiden Seiten des Führerhauses angeschrieben wurden. Die Maschinen der bisherigen sächsischen Gattung VI K trugen das Zeichen »K 55.8« – das »K« stand für Kleinspurlokomotive, die erste 5 für die Anzahl der gekuppelten, die zweite 5 für die Anzahl sämtlicher Achsen, und die 8 zeigte den sogenannten Achsdruck, die durchschnittliche Achsfahrmasse der gekuppelten Achsen, in t an.

Die sächsische Gattung VI K und die DR-Baureihe 99^{64-71}

Es schien so, als sei auf den sächsischen Schmalspurstrecken die ideale Lokomotive angekommen. Weitere 47 Maschinen wurden bestellt, nach der Quote (siehe Kasten) bei der Lokomotivfabrik Henschel & Sohn, Kassel, bei der Sächsischen Maschinenfabrik vorm. Richard Hartmann, Chemnitz, und bei der Maschinenbau-Gesellschaft, Karlsruhe.

Vor dem malerischen Fachwerkschuppen der Einsatzstelle Beilstein stehen um 1965 die Maschinen 99 672 und 99 701. Beide stammen aus der 47 Maschinen umfassenden Nachbauserie, 99 672 wurde 1923 von Henschel, 99 701 im Jahr 1926 von der Maschinenbaugesellschaft Karlsruhe abgeliefert. Für beide Maschinen endete 1965 die Einsatzzeit. *Foto: Illig, Sammlung Wollny*

Quote im Lokomotivbau

Jede deutsche Staatsbahn besaß ihre bevorzugten Lieferanten für Lokomotiven und Wagen. Nur bei Engpässen wurden ausnahmsweise andere Hersteller beauftragt, Lokomotiven oder Wagen zu liefern. Nach dem Ende des Ersten Weltkriegs und mit der Bildung der Deutschen Reichsbahn ging den Lokomotivherstellern der Besteller verloren, auf dessen Aufträge sie sich verlassen konnten. Sie schlossen sich zusammen und handelten die sogenannte Länderbahnquote aus: Die Deutsche Reichsbahn gibt jeder Firma Aufträge in dem Verhältnis des Lokomotivparks, der sich auf dem Gebiet der ehemaligen Staatsbahnen befindet, zum Gesamtpark der Deutschen Reichsbahn. Diese Quotenregelung ist nicht von langer Dauer, in der Nachkriegskrise beschafft die Deutsche Reichsbahn nicht soviel Lokomotiven, daß davon jede Firma leben kann.

Inzwischen hatte sich der Preis geändert, jetzt kostete eine Maschine 64.000 Reichsmark. Die Lieferung von den einzelnen Herstellern ist aus der Gesamttabelle (am Schluß des Kapitels) ersichtlich. Mit den Lieferungen kam es zu großen Stationierungsverschiebungen, nun erhielten die Lokomotivstationen Oberwiesenthal, Thum und Zittau solche Maschinen und konnten andere abgeben. Die Maschinen der ehemaligen Gattung IV K dominierten nun nicht mehr den Zugdienst.

Auch die Rbd Stuttgart interessierte sich für die neuen Lokomotiven, die sie als geeignete Nachfolge für ihre Maschinen der ehemaligen Klasse Tss4 und Tssd ansah. Die Firma Henschel lieferte 1924 fünf Lokomotiven mit den DR-Betriebsnummern 99 679 bis 99 683. Doch dabei sollte es in Württemberg nicht bleiben, denn die Rbd Dresden konnte ab 1938 Lokomotiven (der gleichen Bauart) abgeben, da die Müglitztalbahn (Heidenau–Altenberg) als Normalspurbahn neu gebaut wurde, wodurch

Aus der ersten Serie stammt die Henschel-Lokomotive Nr. 216, die sich 1921 in Dresden-Friedrichstadt auf dem Weg in das Ausbesserungswerk Dresden befindet. Sie trägt ihre Betriebsnummer am Wasserbehälter, am Führerhaus ist unscheinbar das Gattungsschild »VI K« über dem Abstellfach befestigt, das die Ölkannen aufnimmt. *Foto: Sammlung Scheffler*

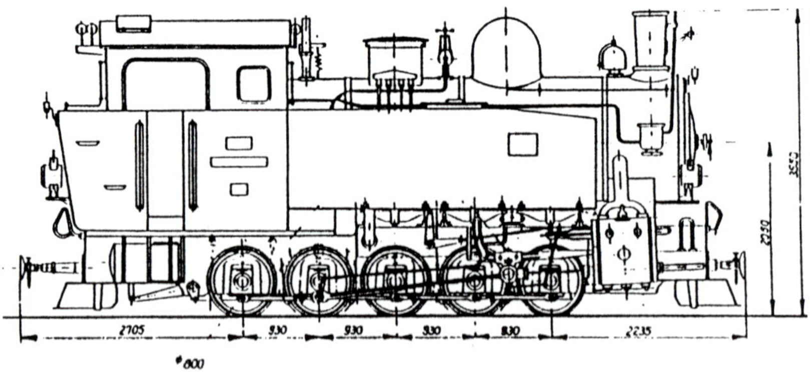

Maßskizzen der Baureihe $99^{64\text{-}71}$ in der Ursprungsausführung mit 8660 mm ü.K. (oben) und als Nachbaulokomotive mit 8990 mm ü.K. (unten).
Zeichnungen (1:87): Taege/Jünemann

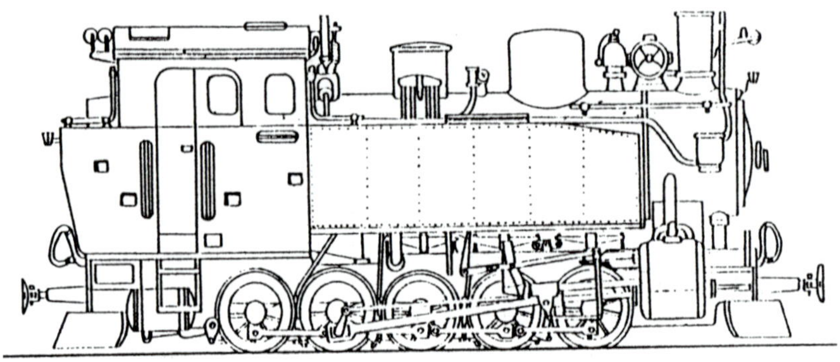

Maschinen frei wurden, und weil sie ab 1928 für einige Strecken noch stärkere Maschinen (Baureihe $99^{73\text{-}76}$) erhalten hatte.

Die Maschinen der Baureihe $99^{65\text{-}71}$ (Nachbauserie) glichen sich trotz verschiedener Hersteller und mehrerer Lieferjahre. Dennoch gibt es Unterschiede im Detail. Die als sächsische Gattung VI K beschafften Lokomotiven fielen deutlich durch den Dampfdom mit seiner halbkugelförmigen Haube auf. Die anderen Maschinen der Nachfolge hatten den Dom mit ebenem Abschluß. Es gab weitere Abweichungen, so den größeren Kohlevorrat von 2,5 t, was die Achsfahrmasse erhöhte. Damit galt für diese Lokomotiven die Betriebsgattung »K 55.9«. Die Maschinen für Württemberg besaßen einen querliegenden Luftbehälter auf der vorderen Pufferbohle und auf der rechten Seite eine zweistufige Luftpumpe für die Druckluftbremse der Bauart Westinghouse mit Zusatzbremse.

Ansonsten waren Kessel, Rahmen und Triebwerk einheitlich. Auf dem genieteten Langkessel aus einem Schuß mit einer Blechstärke von 16 mm befand sich der Dampfdom mit dem Ventilregler der Bauart Schmidt und Wagner. In die Rohrwände waren 79 Heizrohre mit 41/46 mm und 6 Ankerrohre mit 38/46 mm Durchmesser und außerdem zur Aufnahme der Überhitzerrohre 18 Rauchrohre von 125/133 mm Durchmesser in drei waagerechten

Mit der neuen DR-Nummer 99 673, aber noch nicht mit endgültiger Beschilderung präsentiert sich die 1923 als dritte Lok der Nachbauserie von Henschel abgelieferte Maschine. Sie wird 1969 als 99 673 ausgemustert.

Foto: Sammlung Grundmann

Aus der gleichen Lieferung stammt 99 678, die für den Werksfotografen einen Fotografieranstrich erhalten hat. Der Anstrich zeigt die Nachbaulokomotive für die Reichsbahndirektion Dresden mit der DR-Betriebsnummer auf dem Werkfoto recht gefällig. Unterhalb des Schornsteins befindet sich der Sauger für die Saugluftbremse Körting.

Foto: Sammlung Scheffler

Die Lokomotive 99 680 ging 1924 direkt vom Hersteller Henschel an die Reichsbahndirektion Stuttgart. Die Maschine wurde bereits ab Werk mit der Druckluftbremse, erkennbar am Luftbehälter auf der Pufferbohle, ausgeliefert. *Foto: Sammlung R. Preuß*

Die Maschinenbaugesellschaft Karlsruhe zeigte ihre Lokomotive 99 706 für die Reichsbahndirektion Dresden im Jahre 1925 im Fotoanstrich, so daß die wesentlichen Bauteile gut zu sehen sind. *Foto: Sammlung Moll*

In Freital-Potschappel steht 1943 die Lokomotive 99 677, die 1937 das neue Hoheitszeichen erhalten hat. Auf dem Kopf der Scharfenbergkupplung steckt ein Adapter, weil die Lokomotive mittels Kuppelbaum an ein Rollfahrzeug gekuppelt werden soll. Die Lokomotive ist inzwischen mit dem Turbogenerator für die elektrische Beleuchtung und mit der Saugluftbremse ausgerüstet. Das Fabrikschild befindet sich an der Zylinderverkleidung. *Foto: Bellingrodt*

In Baden bei der Maschinenbaugesellschaft Karlsruhe war die Lokomotive 99 703 für die sächsischen Staatseisenbahnen gebaut worden, sie kam als erstes nach Thum. 1975 wurde sie in Radebeul ausgemustert. *Foto: Sammlung Grundmann*

1968 zieht die Lokomotive 99 644 ihren Zug in den Bahnhof Pretzschendorf (Klingenberg-Colmnitz–Frauenstein). Die Flächen der Maschine für die politische Agitation zu benutzen war seinerzeit keine Seltenheit. *Foto: Kielstein*

Reihen eingezogen. Die stark geneigte Rostfläche lag über dem 4. und 5. Kuppelradsatz, das Sicherheitsventil der Bauart Henschel, das dem Ramsbottom-Sicherheitsventil ähnelt, befand sich auf dem Scheitel des Stehkessels direkt vor dem Führerhaus. Die Lokomotiven wurden mit zwei nichtsaugenden Restarting-Injektoren der Bauart Friedmann ASL Nr. 7 geliefert. Die bei der Deutschen Reichsbahn nach 1962 eingebauten saugenden Strubeschen Dampfstrahlpumpen wiesen die gleiche Leistung von 125 l/min auf. Als Rahmen wurde ein genieteter Blechrahmen verwendet, in dem sich der vierte Kuppelradsatz über Schraubenfedern abstützte, die übrigen Radsätze waren mit Blattfedern gefedert. Angetrieben wurde der vierte Kuppelradsatz von den zwei außenliegenden Zylindern, ausgerüstet mit der damals allgemein üblichen außenliegenden Heusinger-Steuerung mit Kolbenschiebern sowie der Kuhn'schen Schleife. Die zwei Zylinder lagen in einer Neigung von 1:30,75.

Als Schmiervorrichtung dienten zwei Ölpressen der Bauart Michalk mit Ölvasen, später wurde auf die zweite Ölpresse, die die Rückstellvorrichtung schmierte, verzichtet, denn ein Dochtölgefäß war einfacher und billiger.

Mehrere Maschinen besaßen einen Abschlammschieber Bauart Strube mit hydraulisch wirkender Kugelfüllung, andere einen einfachen Ablaßhahn. Verwendet wurden Regelwasserstandsanzeiger mit Absperrhähnen, später auch Cardo- bzw. Klinger-Wasserstandsanzeiger mit Spindelventilen. Einige Lokomotiven erhielten als Nachrüstung Kipproste, beim Einbau der neuer Kessel waren sie sowieso vorgesehen.

Der Wasservorrat wurde in zwei seitlich angeordneten, genieteten Kästen gespeichert. Der Einlauf befand sich 2.450 mm über Schienenober-

Die 19,71 km lange Strecke Klingenberg-Colmnitz–Frauenstein war bis zu ihrer Betriebseinstellung Heimat für die Lokomotiven der Baureihe 99^{64-71}. Im Jahr 1970 steht die Lokomotive 99 1684 im Bahnhof Frauenstein. *Foto: Scheffler*

kante. Die Kohle lagerte im Tender hinter dem Führerhaus. Der schräg geneigte Behälter verjüngte sich nach unten und ragte oben bis fast über die Kupplung, weshalb die Lokomotiven an der Tenderwand eine Anschrift trugen, die das Kuppeln Tender an Tender verbot. Eine solche Verbindung wäre für den an der Kupplung hantierenden Eisenbahner gefährlich geworden. In der Praxis kam sie in der Regel nicht vor, da die Lokomotiven auf ihren Strecken einheitlich ausgerichtet waren. Die Höhe der Lokomotive von Schienen- zur Schornsteinoberkante betrug 3 600 mm.

Das Führerhaus war gegenüber dem der Gattungen IV K und V K etwas geräumiger. Durch verhältnismäßig hohe Türen bzw. Seitenwände und seitliche Schiebefenster war das Personal besser gegen Witterungserscheinungen geschützt. Weiterhin sorgten zwei seitlich gelegene Dachklappen für gute Belüftung.

Monatliche Laufleistung (Beispiele)

Lokomotiven/Monat	99 699[1]	99 694	99 706
03/1935	1934	4135	3550
08/1944	2471	4173	?
06/1949	2948	5704	123
03/1963	-	5754	4239
01/1965	-	6302	-
08/1966	1768[2]	5869	4653

[1] Höchste Leistung: 10/1950 mit 4976 km
[2] 21 Tage kalt abgestellt

Nicht überall konnte in Sachsen der Fünfkuppler eingesetzt werden, der Oberbau mancher Strecke (zum Beispiel im Mügelner Netz) ließ nicht zu, daß die Maschinen mit Achsfahrmassen bis zu 9 t auf ihnen fuhren. So blieb schließlich die Baureihe 99^{64-71} auf bestimmte Strecken beschränkt. Mit dieser Baureihe hatte die Entwicklung von Schmalspurdampflokomotiven noch nicht den Gipfel erreicht, denn es kamen noch die Einheitslokomotiven der Baureihe 99^{73-76}. Diese waren, was Zugkraft (8,5 Mp) und Laufeigenschaften (mit Laufachsen) betrafen, noch besser.

Die Lokomotiven der Reihe 99^{64-71} fanden ihre Nachahmung durch die Maschinenfabrik Esslingen, die 1927 vier Maschinen für die württembergische Meterspurstrecke Nagold–Altensteig im nördlichen Schwarzwald nachbaute (DR 99 191 bis 194). Zwei von ihnen verschlug es schließlich auf Strecken außerhalb Württembergs.

Erster Heißdampf

Heißdampflokomotiven waren für Sachsens Schmalspurbahnen neu und für den wirtschaftlichen Erfolg der neuen Gattung zweifellos wichtig (siehe Kasten). Die Lokomotiven erhielten den von Schmidt entwickelten Rauchrohrüberhitzer, der den Dampf in beheizten Rohrschlangen zusätzlich erhitzt. Der Wasserverlust war bei den Zylindern gering. Bei gleicher Leistung war gegenüber Naßdampflokomotiven der Wasser- und Kohlever-

Heißdampflokomotive

»Dem Dampf wird, nachdem er vom Kesselwasser getrennt ist, weiter Wärme zugeführt, er wird »überhitzt«. Die Dampftemperatur steigt, während der Dampfdruck unverändert bleibt. Tritt dieser Heißdampf in die Zylinder ein, gibt er zunächst seine »Überhitze« an die Wandungen ab, während er früher sofort kondensierte. Wird die Überhitzung immer höher getrieben, so tritt schließlich der Augenblick ein, wo der Sättigungspunkt während der Dehnung im Zylinder nicht mehr erreicht wird. Die Kondensationsverluste entfallen dann vollkommen.« (aus: Karl-Ernst Maedel, Die deutschen Dampflokomotiven gestern und heute, Berlin 1966, S. 132)

Die wirtschaftlichen Nachteile, die durch die Kondensationsverluste entstanden, waren schon in den sechziger Jahren des 19. Jahrhunderts bekannt, dagegen wußte man nicht, wie sich hohe Überhitzungstemperaturen erzielen lassen, und man kannte noch keine hitzebeständigen Schmieröle. Der Zivilingenieur Wilhelm Schmidt löste Ende des Jahrhunderts die Probleme, indem er den Überhitzer erfand, mit dem Temperaturen von etwa 350 °C entstanden. An Überhitzerbauarten wurde lange Zeit geforscht, der Rauchrohr-Überhitzer setzte sich durch.

brauch wesentlich geringer, es brauchte also nicht so oft nachgefaßt zu werden, was die Einsatzzeit am Zug verbesserte.

Die Rbd Dresden erhielt für ihre Schmalspurstrecken, von Außenseitern abgesehen, neue Lokomotiven nur noch als Heißdampflokomotiven.

Enge Radien kein Problem

Neben der Antriebsleistung und Wirtschaftlichkeit spielte auf den Schmalspurstrecken die Kurvengängigkeit der Fahrzeuge eine große Rolle, fügten sich doch gerade Schmalspurstrecken dem Gelände weitgehend an, um teure Längenentwicklungen und kostspielige Kunstbauten zu vermeiden. Wie schon beschrieben, besaßen die K. Sächs. Sts. E. B., was Kurvengängigkeit betrifft, schon einige Erfahrungen. Nun wurde ihnen mit der Gattung VI K eine neue Lösung beschert, die Achsanordnung nach Gölsdorf. Dieser österreichische Ingenieur erfand den seitenverschiebbaren Radsatz.

Für die hohe Zugkraft bedurfte es einer größeren Fahrzeugmasse und mehrerer gekuppelter Achsen. Außerdem wollte man die Längenmaße der Lokomotive nicht immer durch seitenbewegliche

In Sachsen für Sachsen gebaut: Lokomotive 99 714 stammt von der Sächsischen Maschinenfabrik und wurde nach Auslieferung im Jahre 1927 in Thum beheimatet. 1967 machte sie sich in Frauenstein nützlich.
Foto: Scheffler

Bevor sie als Denkmal stillgelegt wurde, fuhr die Lokomotive 99 715 im Wilsdruffer Netz, hier 1969 in Mohorn. Heute steht die Maschine vor einem zweiten Frühling, sie ist für Sonderzüge bei der Sächsisch-Oberlausitzer Eisenbahngesellschaft vorgesehen. *Foto: Uhlemann*

Laufachsen vergrößern. Gölsdorf löste das Problem, indem er auf Laufachsen verzichtete und die gekuppelten Achsen seitenverschiebbar lagerte. So konnte die gesamte Fahrzeugmasse der Maschine zur Erzeugung der Zugkraft auch in engen Gleisradien genutzt werden.

Bei den Lokomotiven der Gattung VI K und den Nachbauten lagerte der 2. und 4. Radsatz fest im Rahmen, der vordere und hintere Radsatz hatte ein Seitenspiel von jeweils 30 mm, der 3. ließ sich beiderseits um 20 mm verschieben. Somit konnten Gleisbögen mit 50 m Radius anstandslos durchfahren werden. Angetrieben wurde der 4. Radsatz. Als Rückstellvorrichtung für den Kurvenausgang funktionierte eine auf der vorderen und hinteren

Der sich nach unten verjüngende Kohlekasten ist eins der typischen Merkmale für die Maschinen der Baureihe 99^{64-71} vor dem Umbau (Friedewald Bad 1998). *Foto: R. Preuß*

Vor einem Güterzug nach Wilsdruff wartet die Lokomotive 99 1648 (99 648) am 17. Juli 1971 im Bahnhof Nossen auf die Abfahrt. *Foto: R. Preuß*

Noch im regulären Einsatz wartet die 99 1713 in Radebeul Ost im rauhen Winter 1978/79 vor einem Güterzug nach Radeburg auf Abfahrt. Kurze Zeit danach wird sie zur »Traditionslokomotive« bestimmt. *Foto: Galistel*

Achse befestigte Scheibe. Seitlich gelagerte, am Rahmen befestigte und federbelastete Schleifstücke halten die Scheibe in Rahmenmitte, erlauben aber gegen den Druck der Federkräfte trotzdem die seitliche Verschiebung im Gleisbogen. Stärkere Schlingerbewegungen werden damit vermieden. So kam ein Lokomotivtyp auf die Strecke, der ohne komplizierte Radsatzanordnung und ohne teure getrennte Triebwerke den vorhandenen Streckenverhältnissen genügte und im Kurvenlauf Radsätze und Schienen schonte.

Die Gölsdorf-Achsen

»Eine Lokomotive mit großem festen Achsstand kann nicht durch Krümmungen mit kleinem Halbmesser fahren. Soll das jedoch möglich sein, so muß man seitenverschiebliche Radsätze anordnen. Die Seitenverschieblichkeit wird dadurch erreicht, daß man zwischen den Stirnflächen der Lagerschalen und den Bunden auf dem Achsschenkel ein Spiel von der Größe der gewünschten Seitenverschieblichkeit läßt (Bauart Gölsdorf). Selbstverständlich muß man auch die Kuppelzapfen entsprechend länger machen, damit sich die Kuppelstangen seitlich verschieben können, oder die Kuppelstange mit Lagern ausrüsten, die ein seitliches Ausschwenken zulassen.« (aus: Leopold Niederstraßer, Leitfaden für den Dampflokomotivdienst, Leipzig 1950, S. 304)

Leinenbremse, Saugluft und noch mehr

Bei der Ankunft der Lokomotiven in Sachsen besaßen die Maschinen alle für den Lokomotiv- und Zugbetrieb erforderlichen Einrichtungen, es gab keine nachträglichen Um- und Einbauten, um die Maschinen betriebstüchtig zu machen, wie sich das bei Lokomotivlieferungen der jüngeren Geschichte nicht immer vermeiden ließ.

Als Bremse galt bei den sächsischen Staatsbahnen die Heberleinbremse als die fortschrittliche. Immerhin war sie wirtschaftlich (Luftpumpen, die Dampf verbrauchen, waren nicht notwendig), sie war eine durchgehende über den gesamten Zug, so daß Bremser nicht erforderlich waren, und sie wirkte selbsttätig, d. h. sie bremste den Zug bei einer

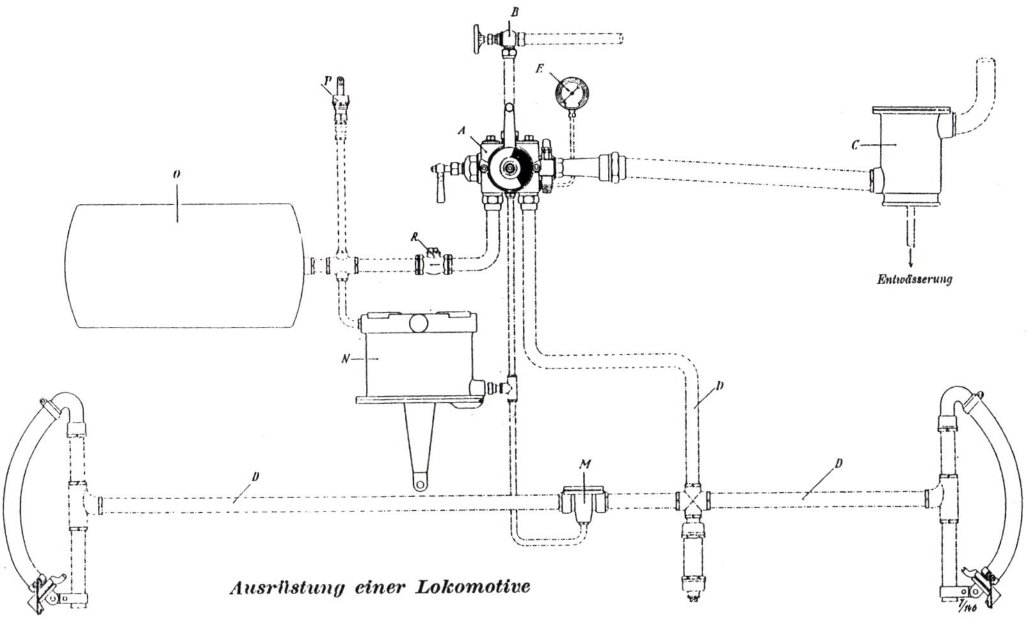

Die Körting-Saugluftbremse. Schematische Darstellung

- **A** Doppelluftsauger
- **B** Absperrventil an der Dampfzufuhr
- **C** Schalldämpfer
- **D** Hauptluftleitung
- **E** Vakuummeter
- **M** Abzweig-T-Stück mit Rückschlagventil
- **N** Oberkammer des Bremszylinders
- **O** Hilfsluftbehälter
- **P** Löseventil (auf dem Führerstand)
- **R** Rückschlagventil, öffnet sich nur in Richtung vom Luftsauger zum Hilfsluftbehälter

Zugtrennung, die zum Leinenriß führte und durch die so locker werdenden Leinen über Gewichte die Reibungsrolle an die Achsrolle drückten. Für den normalen Bremsbetrieb benutzte der Lokomotivführer im Führerstand eine Haspel, mit der er das Seil lockerte oder spannte. Eine solche Haspel war im Führerstand auch bei den neuen Lokomotiven eingebaut, ebenso waren die Führungsrollen für das Seil vorhanden.

Die Heberleinbremse besaß aber auch Nachteile: es bestand beispielsweise die Gefahr, daß durch Schnee und Eis der Bremsvorgang unwirksam wurde – tatsächlich kam das bei der Heberleinbremse mitunter vor.

Als bei Henschel & Sohn die Fünfkuppler gebaut wurden, war die Saugluftbremse von der Firma Körting nicht unbekannt. Eine solche Bremse, die sich als einfache, zugleich wirkungsvolle durchgehende und selbsttätig wirkende Saugluftbremse später auf nahezu allen sächsischen Schmalspurstrecken durchsetzte, war aber weder bei den Heeresfeldbahnstrecken noch an den sächsischen Schmalspurwagen vorhanden. Folgerichtig fehlte sie auch bei den ursprünglich für die Heeresfeldbahn vorgesehenen Maschinen.

Mit der Übergabe an die sächsischen Staatseisenbahnen besaßen die Lokomotiven folgende Bremssysteme:

Gattung VI K (später DR $99^{64\text{-}65}$)
* Dampfbremse (wirksam nur für die Lokomotive), später umgebaut auf Saugluftbremse
* Wurfhebelbremse (wirksam nur für die Lokomotive)
* Haspel für die Heberleinbremse (nur für den Wagenzug). Später wurde die Körting-Saugluftbremse nachgerüstet.

DR $99^{67\text{-}71}$)
* Wurfhebelbremse (wirksam nur für die Lokomotive)
* Haspel für die Heberleinbremse (nur für den Wagenzug)
* Körting-Saugluftbremse, außer bei den Lokomotiven 99 679 … 683 (beide wirksam für Lokomotive und den Zug).

Wurfhebelbremse

Der Gesetzgeber verlangt für jedes Triebfahrzeug eine Handbremse, die bei Dampflokomotiven meist als Wurfhebelbremse ausgeführt ist. Im Gegensatz zu der bei Wagen eingebauten Spindelbremse wirkt dank eines Kniehebelgelenks die Wurfhebelbremse schnell mit voller Kraft. Das Lokomotivpersonal bedient sie mit einem Griff, der sich an einer Gewichtsscheibe befindet. Für eine Bremsung genügt es, das Gewicht herumzuwerfen.

Die Bremse wirkte bei der Lokomotive auf die zweite und vierte Kuppelachse beidseitig. Da die Rbd Stuttgart für ihre Schmalspurstrecken die Druckluftbremse verwendete, fehlte den dorthin ausgelieferten Lokomotiven 99 679 … 683 die Einrichtung für die Saugluftbremse. Von der Rbd Dresden nach Württemberg umgesetzte Lokomotiven wurden entsprechend umgerüstet.

Weiterhin waren die Lokomotiven der Gattung VI K sowie der Nachbauten ausgerüstet mit
* einer Dampfpfeife
* dem Läutewerk der Bauart Latowski

Auf dem Führerstand der Lokomotive 99 713. Rechts der Körting-Luftsauger, der Regler und der Wasserstandszeiger.
Foto: Galistel

Blick in die Rauchkammer: zu erkennen sind der Dampfsammelkasten, die Überhitzerelemente, die Einströmrohre und das Blasrohr.
Foto: Galistel

Auf Nebenbahnen mit ihren unbeschrankten Bahnübergängen sind hörbare Signale von der Lokomotive aus zu geben, wozu außer der Dampfpfeife ein Läutewerk vorgeschrieben war. Bei denen der Bauart Latowski hebt ein dampfgesteuertes Ventil den Klöppel an und läßt ihn fallen. Beim Fall schlägt er an den Glockenmantel und erzeugt den laut gellenden Ton. Die Glocke war zwischen Schornstein und Dampfdom angebracht.

* einer Petroleumbeleuchtung

Als die Rbd Dresden bei den Schmalspurbahnen die elektrische Beleuchtung einführte, erhielten diese auch die Lokomotiven. Den Strom erzeugte ein Turbogenerator auf der Lokomotive (während der Beleuchtung war deshalb in der Nähe der Lokomotive immer ein feines Brummen zu hören). Der Generator befand sich quer auf der Rauchkammer unmittelbar hinter dem Schornstein, er diente neben der Lokomotiv- auch der Zugbeleuchtung (85 Volt, 60 Ampere) und lud mit der Ladespannung von 110 Volt die Batterien im Gepäckwagen, die für die Wagenbeleuchtung benutzt werden konnte, wenn die Lokomotive an den Wagen war.

* einer Sandstreueinrichtung

Der dazu notwendige Sandkasten war auf dem Kesselscheitel befestigt und besaß ein Rührwerk. Wenn dieses bei Bedarf betätigt wurde, fiel der feine, trockene Sand durch Rohrleitungen auf die Schienen, jeweils beiderseits vor die Räder der zweiten und vierten Achse und damit richtig für Vorwärts- und Rückwärtsfahrten.

* einer Spurkranzschmierung mit Fettklotz am ersten und fünften Radsatz

* Trichterkupplung

Die fünfte Kuppelachse mit der Scheibe für die Rückstellung des Radsatzes nach der Kurvenfahrt. *Foto: Galistel*

In den dreißiger Jahren ließ die Rbd Dresden den Fahrzeugpark der meisten schmalspurigen Strecken auf die Scharfenbergkupplung umrüsten. Gelangten Fahrzeuge mit der Trichterkupplung auf Strecken mit umgerüsteten Fahrzeugen, so kamen Übergangskupplungsköpfe (Adapter) zum Einsatz, diese verwendete man auch bei den Kuppelstangen der Rollwagen. Mit der Einführung der Dampfheizung mußten die Lokomotiven auch die entsprechenden Einrichtungen sowie Kupplungen für die Heizleitung erhalten.

Für die Lokomotiven galten 30 km/h als Höchstgeschwindigkeit, die Streckenhöchstgeschwindigkeit war jedoch auf keiner Strecke größer als 25 km/h.

In Württemberg blieb es bei der Trichterkupplung, die jedoch nicht genau der ursprünglich in Sachsen verwendeten glich. Auch bei weiteren »Zutaten« unterschieden sich die Maschinen der gleichen Baureihe zwischen Sachsen und Württemberg: die Lokomotiven der Reichsbahndirektion (ab 1949 Bundesbahndirektion) Stuttgart fuhren mit einem Druckluft-Läutewerk. Sie behielten ihre Henschel-Sicherheitsventile. Auch durften bis zum Schluß die Friedmann-Injektoren an den Lokomotiven bleiben. Da in Schwaben nicht mit der Heberleinbremse gebremst wurde und deshalb der Haspelkasten an der Rückwand des Führerstandes entfallen konnte, ließ sich ein größeres Fenster in der Führerhausrückwand mittig einbauen. Eine Trittleiter am linken Zylinder, wie man sie in Sachsen nicht kannte, erleichterte das Aufsteigen zum Turbo-Generator und zu den Wasserkästen. In Sachsen gab es dafür an jedem Wasserkran eine transportable Leiter, die an die Lokomotive gesetzt werden mußte.

Recht aufschlußreich ist der Bericht des Lokomotivführers Hans Galistel, der auf der Schmalspurstrecke Radebeul Ost–Radeburg u. a. die Lokomotive 99 713 fährt, von seiner Begegnung mit dieser Lokomotive:

»Die kleine Feuerbüchse war schnell gefüllt und gezündet, und man konnte nach knapp 3 Stunden das Wasser sieden hören. In dieser Zeit hatten wir die Lokomotive abgeölt, mit einem Heizer, der jahrelang auf solchen Lokomotiven gefahren ist, kein Problem. Kuppelstangen- und Treibstangenlager wurden geölt, doch die Gelenkbolzen hatten kein Ölgefäß, sondern nur eine Ölbohrung, Kolben und Schieberstange hatten Dochtschmierung, das Gewerk war mit Ölschrauben ausgerüstet, die Feingewinde hatten.

Unter der Lokomotive begannen dann schon Probleme. 1. und 5. Kuppelachse hatten auf der Achsmitte eine Scheibe befestigt, die der Scheibe der heutigen Scheibenbremse sehr ähnelt, nur daß sie nicht zum Bremsen, sondern für die Seitenverstellbarkeit der Lokomotive benötigt wurde. Auch das Bremsgestänge entsprach nicht dem einer Normalspurlokomotive. Daß die Lokomotive einen Rahmenwasserkasten hatte, sah man von unten her ganz deutlich. Bemerkenswert war auch die Federung der Lokomotive, die über dem Rahmen liegende Federung war ja von der G 12 oder T 3 bekannt, aber die Federung durch Ringfedern war schon sehr neu für mich. Der Blick in die Rauchkammer zeigte ein relativ tief stehendes Blasrohr, das der der P 8 sehr ähnelt. Das Latowski-Läutewerk und der 85-Volt-Turbo waren mir bekannt, ebenso die Michalk-Ölpresse mit den 3 Gläsern und die Regelwasserstandsanzeige am Kessel kannte ich schon von der Lokfahrschule her. Die Lokomotive hatte eine Körtingbremse, die durch einen Dampfstrahlsauger der Bauart Körting betrieben wurde, aber mit was wurde die Lokomotive gebremst? Na, mit der Handbremse, wie mir mein Heizer erklärte. Das kann ja was werden, ging es mir durch den Kopf, und so wurde es auch. Es ist schon sehr merkwürdig, wenn die Heizer beim Ran-

Blick von unten auf die Scheibe der Rückstellung für den fünften Radsatz. Die Öse, die die Scheibe umfaßt, gehört zum Bremsgestänge. Im unteren Bildteil sind Abschlammrohre mit Pralltöpfen zu sehen. *Foto: Galistel*

Linke Zylinderpartie der 99 713: Vor dem Einströmrohr das Schmierölgefäß für die Rückstellvorrichtung des ersten Radsatzes, rechts am Wasserkasten die Ölsperren für Kolben und Schieberschmierung, zwischen Schieber und Kolben befindet sich die Rohrleitung der Dampfheizung und links im Bild der Rangiertritt. *Foto: Galistel*

gieren mit der Handbremse Lokomotive und Wagen bremsen müssen, was sehr viel Gefühl verlangt. Auch mit dem Luftsauger kann die Lokomotive beim Rangieren bremsen, das ist auch nicht ganz einfach.

Der Kessel ist sehr verdampfungsfreudig, auch bei schlechter Kohle, bei der kleinen Rostfläche ist eine ordentliche Feuerführung nötig. Die Trofimoff-Schieber verleihen der Lokomotive einen guten Leerlauf. Sehr gut ist die Zugleistung, und sie zeichnet sich durch einen sparsamen Dampfverbrauch aus, nicht zu vergessen die schnelle Beschleunigung. Das einzig Negative ist der Lauf, die fehlenden Laufachsen lassen die Maschine auf den Gleisen eiern und schwanken. Am meisten spürt man das, wenn die Schleifbacken von der Rückstellvorrichtung stark abgefahren sind. Sonst eine gelungene Konstruktion. Ich habe in all den Jahren keine größeren

Ein nützlicher Hinweis am Rahmen für den Fall, daß die Lokomotive ohne Treibstangen lahmgelegt ist. *Foto: Galistel*

Kugelhydraulik-Abschlammer der Bauart Strube. *Foto: Galistel*

Schieberkreuzkkopf mit der Einstellung für den Schieber. *Foto: Galistel*

Blick von unten auf das Fahrwerk in Richtung Rauchkammer. Auf dem Gestänge liegt Schlacke vom Aschekasten. *Foto: Galistel*

Probleme mit der Lokomotive gehabt, keinen Tragfederbruch oder anderes. Bei entsprechender Pflege und Wartung fährt man die Traditionszüge und gelegentliche Planeinsätze und zwischen den RAW-Terminen ohne größere Reparaturen.

Im Winter ist es sehr kalt auf dem Führerstand, weil nur Segeltuchvorhänge statt Fenster vorhanden sind. Durch die Öffnungen im Fußboden für das Gestänge zur Zylinderentwässerung, Hahnenzug genannt, für den Ölpressenantrieb und die Kipprostspindel zog es wie der Teufel.«

Gesamtübersicht der Baureihe 99^{64-71}

Betriebsnummer DR 99 ...	DR[1]/DB[2]	Sächsische Staatseisenbahnen	Hersteller	Baujahr	Fabriknummer	Übernahme DR
641	-	210	Hen	1918	16122	05/1920
642	-	211	Hen	1918	16123	09/1919
643	-	212	Hen	1918	16124	09/1919
644	-	213	Hen	1918	16125	11/1919
645	-	214	Hen	1918	16126	01/1919
646	99 1646	215	Hen	1918	16127	08/1919
647	-	216	Hen	1918	16128	09/1919
648	99 1648	217	Hen	1918	16129	09/1919
649	-	218	Hen	1918	16130	09/1919
650	-	219	Hen	1918	16131	09/1919
651	099 651	220	Hen	1918	16132	11/1919
652	-	221	Hen	1918	16133	01/1919
653	99 1653	222	Hen	1918	16134	09/1919
654	99 1654	223	Hen	1918	16135	09/1919
655	99 1655	224	Hen	1918	16136	09/1919
671	-	-	Hen	1923	19749	06/1923
672	-	-	Hen	1923	19750	06/1923
673	99 1673	-	Hen	1923	19751	06/1923
674	-	-	Hen	1923	19752	06/1923
675	-	-	Hen	1923	19753	06/1923
676	-	-	Hen	1923	19754	06/1923
677	-	-	Hen	1923	19755	06/1923
678	99 1678	-	Hen	1923	19756	06/1923
679	-	-	Hen	1923	19757	06/1923
680	-	-	Hen	1923	19758	06/1923
681	-	-	Hen	1924	20224	1924
682	-	-	Hen	1924	20225	1924
683	-	-	Hen	1924	20226	1924
684	99 1684	-	SMF	1925	4646	10/1925
685	99 1685	-	SMF	1925	4647	11/1925
686	-	-	SMF	1925	4648	11/1925
687	99 1687	-	SMF	1925	4649	11/1925
688	-	-	SMF	1925	4650	12/1925
689	-	-	SMF	1925	4651	12/1925
690	-	-	SMF	1925	4652	12/1925
691	-	-	SMF	1925	4653	12/1925
692	99 1692	-	SMF	1925	4654	01/1926
693	-	-	SMF	1926	4655	01/1926
694	99 1694	-	SMF	1926	4656	01/1926
695	-	-	SMF	1926	4657	01/1926
696	99 1696	-	Kr	1925	2323	11/1925
697	-	-	Kr	1925	2324	12/1925
698	—	-	Kr	1925	2325	12/1925
699	99 1699	-	Kr	1925	2326	11/1925
700	-	-	Kr	1926	2327	02/1926
701	-	-	Kr	1926	2328	02/1926
702	-	-	Kr	1926	2329	02/1926
703	99 1703	-	Kr	1926	2330	02/1926
704	-	-	Kr	1926	2331	02/1926
705	99 1705	-	Kr	1926	2332	02/1926
706	99 1706	-	Kr	1926	2333	02/1926
707	-	-	Kr	1926	2334	02/1926
708	-	-	SMF	1927	4665	01/1927
709	-	-	SMF	1927	4666	01/1927

Lokomotivbahnhof	Letzter Bw-Einsatz	z	+	++	Bemerkungen
Hai	Wil				1946 Reparation UdSSR (Beloretzk)
Hai	Wil	12/1968			Als Heizlokomotive nach Zschopau; dort zerlegt
Wil	Gmü		?	?	1948 in die UdSSR[3]
Hai	Wil	04/1968	07/1968	08/1968	
Wil	Natgezow		?	?	1945 von Opole als Reparation UdSSR
Hai	Wil	03/1969	09/1970	1/1971	
Hai	Gmü		?	?	1948 in die UdSSR[3]
Wil	Wil	11/1972	09/1974	12/1974	
Gla	Wil	-	-	?	1943 Osteinsatz (verschollen)
Wil	Bei	01/1967	05/1967	07/1969	++ Heilbronn
Müp	Bei	08/1969	09/1969		Seit 08/1969 Denkmal in Steinheim
Wil	Wil	-	-	-	1945 Reparation UdSSR
Hai	Wil	05/1973	09/1974	12/1975	
Wil	Wil	12/1973	08/1975	12/1975	
Hai	Wil	06/1970	1/1971	09/1972	
Hei	Bei	09/1965		?	
Hai	Bei	09/1965	09/1965	?	
Hai	Wil	04/1969	09/1970	1971	Kessel an ein Werk in Pulsnitz
Wil	Wil	-	-	1945	04/1945 Bombentreffer
Hai	Wil			?	1946 Reparation UdSSR
Wil	Moh	-	-	-	1943 Osteinsatz, 1945 versenkt
Hai	Wil	-	-	?	09/1944 Osteinsatz Danzig
Hai	Rad	02/1969	09/1970	12/1971	1965 Neubaukessel
Bei	Güg	11/1956	-	12/1956	
Bei	Güg	06/1965	09/1965	1966	++ Crailsheim
Bei	Bei	-	-	?	1943 Osteinsatz Kiew
Bei	Güg	12/1964		1965	++ Immendingen
Bei	Bei	-	-	?	1943 Osteinsatz (Kowel)
Thu	Wil	02/1972	06/1974	12/1974	
Thu	Wil	04/1971	06/1974	10/1974	
Thu	Wil	01/1951	-	1957	Schadlokomotive, Ersatzteilspender
Thu	Wil	12/1974	08/1975	11/1975	
Thu	Wil	12/1974	08/1975	11/1975	
Wil	Wil	?	01/1968	08/1968	
Hei	Rad	-	-	?	1946 Reparation UdSSR
Hei	Rad	?	-	?	1945 Reparation UdSSR (Beloretzk)
Gla	Wil	12/1970	08/1974	12/1974	
Hei	Rad	?	07/1967	1/1967	
Hei	Wil	12/1973	08/1975	10/1975	
Hei	Frp	-	-	?	09/1944 Osteinsatz (Riga)
Zi	Wil	02/1973	09/1974	12/1974	
Zi	Rad	?	01/1968	07/1968	
Zi	Bei	-	-	?	1943 Osteinsatz (Kiew)
Zi	Zi	09/1969	11/1971	09/1972	06/1969 - 04/1970 Heizlokomotive im Möbelwerk Jöhstadt
Zi	Zi	-	-	?	08/1945 Reparation UdSSR
Zi	Bei	03/1965			
Hei	Fr″	1961	?	1966	Kessel verkauft an Straßenverwaltung Koπice
Thu	Rad	11/1971	08/1975	12/1975	
Wil	Bei	05/1967	?	1969	++ Heilbronn
Thu	Wil	04/1971	08/1974	11/1974	1969 - 1971 Einsatz in Schönfeld-Wiesa
Thu	Wil	05/1973	09/1974	04/1975	
Thu	Thu	-	-	?	02/1946 Reparation UdSSR
Wil	Wil	-	-	?	02/1946 Reparation UdSSR
Hai	Thu	-	-	?	03/1943 Osteinsatz

Betriebsnummer DR 99 ...	DR[1]/DB[2]	Sächsische Staatseisenbahnen	Hersteller	Baujahr	Fabriknummer	Übernahme DR
710	-	-	SMF	1927	4667	02/1927
711	-	-	SMF	1927	4668	02/1967
712	-	-	SMF	1927	4669	03/1927
713	99 1713[4]	-	SMF	1927	4670	03/1927
714	99 1714	-	SMF	1927	4671	03/1927
715	99 1715[5]	-	SMF	1927	4672	03/1927
716	-	-	SMF	1927	4673	04/1927
717	-	-	SMF	1927	4674	04/1927

+	Ausgemustert	Hen	Henschel & Sohn, Kassel
++	Zerlegt	Kr	Maschinenbau-Gesellschaft, Karlsruhe
Bei	Beilstein	Moh	Mohorn
Frp	Freital-Potschappel	Müp	Mügeln b. Pirna (Heidenau)
Fr″	Fr″dlant (Friedland in Böhmen)	Rad	Radebeul Ost
Gla	Glashütte	SMF	Sächsische Maschinenfabrik vorm. Rich. Hartmann, Chemnitz
Gmü	Gmünd (Österreich)	Thu	Thum
Güg	Güglingen	Wil	Wilsdruff
Hai	Hainsberg	z	außer Dienst
Hei	Heidenau	Zi	Zittau

1 ab 1970 (ohne Selbstkontrollziffer)
2 ab 1968 (ohne Selbstkontrollziffer)
3 von ÖBB
4 099 720 vom 1.1.1992 an
5 099 721 vom 1.1.1992 an
6 Gesellschaft bürgerlichen Rechts

Technische Daten von Schmalspur-Lokomotiven

		I K	III K	IV K	V K	wü Tss4
Bauart		Cn2t	C1'n2st	B'B'n4vt	Dn2vt	Dn2t
Erstes Baujahr		1881	1887	1892	1901	1894
Höchstgeschwindigkeit	km/h	30	30	30	30	30
Zylinderdurchmesser	mm	240	324	240/370-400	340/530	340
Kolbenhub	mm	380	400	380	430	500
Kesseldruck	kp/cm²	12	10	12-15	14	12
Rostfläche	m²	0,66	0,9	0,97	0,97	0,98
Heizfläche Feuerbüchse	m²	3,11	3,82	4,07 - 4,13	4,22	4,41
Verdampfungsheizfläche	m²	29,72	46,29	49,87	49,96	59,67
Überhitzer	m²	-	-	-	-	-
Wasservorrat	m³	1,50	2,00	2,40	2,40	3,04
Kohlevorrat	t	0,50	1,7	0,85/1,02	0,96	1,2
Treibraddurchmesser	mm	760	855	760	855	900
Laufraddurchmesser	mm	-	760	-	-	-
Achsstand gesamt	mm	1800	5750	6200	3900	4500
Länge über Puffer	mm	5280-5740	9000	9000	8950	8115
Lokomotivbreite	mm	1850	1986	1980	2170	
Lokomotivhöhe über SO	mm	2985	3000	3150	3080	3330
Lokomotivmasse leer	t	11,90-13,25	19,7/20,40	21,70 - 23,50	22,80	21,2
Lokomotivmasse betriebsfähig	t	15,45-16,80	26,30	26,80-28,60	28,80	27,77
Zugkraft	kN	21	29,5	37,0 - 54,0	44,5	46,30
Leistung (effektive)	kW	70	114	125	129	147
Leistung (effektive)	PS	95	155	170	175	200

Lokomotivbahnhof	Letzter Bw-Einsatz	z	+	++	Bemerkungen
Wil	Wil	-	-	1967	05/1945 Reparation UdSSR
Zi	Zi	-	-	?	02/1946 Reparation UdSSR
Zi	Thu	-	-	?	01/1943 Osteinsatz Gozdow
Zi	Rad	-	-	-	Seit 1975 »Traditionslokomotive« in Radebeul Ost
Thu	Wil	?	08/1975	1976	1972 - 1974 Heizlokomotive. ++ Wilsdruff
Thu	Wil	1973	-	-	1992 - 1995 Denkmal in Radebeul Ost, von 1995 an Eigentum von »99 715 GbR«[6], seit 11/1999 leihweise bei SOEG (Zittau)
Thu	Bei	-	1965		1996/97 Aufarbeitung, jetzt Museumslok des Vereins Öchsle-Schmalspurbahn e. V. für die Strecke Warthausen - Ochsenhausen
Thu	Thu	-	-	?	02/1946 Reparation UdSSR

wü Tssd	VI K(99^{64-65})	99^{67-71}	99^{64-71} Umbau
B'Bn4vt	Eh2t	Eh2t	Eh2t
1899	1918	1923	1964
30	30	30	30
275/420	430	430	430
450	400	400	400
12	14	14	14
0,97	1,6	1,6	1,6
4,5	6,06	6,05	6,05
56,38	64,32	64,31	64,31
-	24,50	24,50	24,50
3,0	4,50	4,50	4,5
1,2	2,0	2,5	2,5
900	780	780	800
-	-	-	-
4440	3720	3720	4000
8236	8660	89901	8990
2200	2400	2400	2400
3650	3550	3550	3550
21,8	30,40	32,50	32,5
28,70	40,40	42,15	42,25
47,65	77,7	77,7	77,7
136	287	287	287
185	390	390	390

Die Einsatzgebiete

Die Lokomotiven der Baureihe 99^{64-71} fuhren grundsätzlich nur auf sächsischen und auf Schmalspurstrecken in Württemberg. In Sachsen kamen sie nicht auf jede Strecke, weil bei einigen die Voraussetzungen fehlten. Für die relativ hohe Achsfahrmasse der Lokomotive bedurfte es eines stabileren Oberbaus, auch Kunstbauten wie Brücken und Stützmauern mußten an die Achsfahrmasse angepaßt werden. Das kam für jede Strecke nicht in Frage, dazu fehlten die finanziellen Mittel. Und es gab genügend Maschinen der Baureihe 99^{51-60}, die für den lebhaften Güterverkehr zum Beispiel auf den Strecken von Wilkau-Haßlau nach Carlsfeld, von Wolkenstein nach Jöhstadt oder im Mügelner Netz ausreichten.

Trotzdem gibt es, was die Baureihe 99^{64-71} betrifft, Ausnahmen. Im Juni 1938 wurde die Lokomotive 99 706 von Thum nach Wilsdruff umgesetzt

Am 11. September 1971 rollt ein Zug mit der Lokomotive 99 715 in den Bahnhof Oberdittmannsdorf ein. Die erste 1 der Ordnungsnummer fehlt, weil die Lokomotive bei einer Ausstellung ihr altes Aussehen zeigen soll. *Foto: R. Preuß*

und kam kurzzeitig für Probefahrten nach Schönheide Süd. Dort galt es, den Einsatz dieser Baureihe in Richtung Rothenkirchen (Vogtl) zu forcieren. Genaue Ergebnisse sind nicht bekannt, aus planmäßigen Einsätzen wurde nichts.

Im Sommer 1952 lieh sich die noch nicht lange bestehende Reichsbahndirektion Greifswald für die Strecken auf der Insel Rügen die Lokomotive 99 530 (ehemals sächsische IV K) von Mügeln und die Lokomotive 99 644 von Zittau aus, um die Eignung von Lokomotiven einer Reihe für die Insel Rügen im Vergleich zu testen. Nicht die Baureihe $99^{64\text{-}71}$ wurde danach bevorzugt, sondern die Lokomotiven der ehemaligen Gattung IV K.

Unbewiesen sind gelegentliche Hinweise, daß es Lokomotiven der Baureihe $99^{64\text{-}71}$ in Mügeln, Sayda und beim Mansfelder Kupferkombinat gegeben haben soll. Allerdings hat einmal eine Maschine die Strecke Wolkenstein–Jöhstadt befahren, und zwar die Lokomotive 99 699, jedoch im kalten Zustand für die Übergabe an das Möbelwerk, wo sie von Juli 1969 bis April 1970 als Heizlokomotive benutzt wurde.

Die sächsischen Strecken

Radebeul Ost–Radeburg (16,5 km)

Das Maschinenamt Dresden 1 war für den Lokomotivbahnhof Radeburg zuständig, der bis 1945 dem Bw Pirna, danach dem Bw Dresden-Friedrichstadt und von 1952 an dem Bw Wilsdruff unterstellt war und 1953 aufgelassen wurde. Nach den Oberbauverbesserungen kamen 1935 zwei Maschinen der Baureihe $99^{64\text{-}71}$ erst einmal zur Probe hierher. 1937 erhielt die Strecke zwei Stammlokomotiven, denen 1938 weitere zwei von der Müglitztalbahn folgten. Damit waren die bisherigen Maschinen der Baureihe $99^{51\text{-}60}$ überflüssig und wurden abgezogen. Die neuen Lokomotiven zogen Güterlasten bis zu 160 t aus dem Elbtal auf die Radeburger Höhe. Zur Strecke gehörten immer sechs Maschinen, es wurde jedoch lebhaft mit den anderen Strecken getauscht. Zu den langjährigen Stammlokomotiven

Noch heute zieht es zahlreiche Fotografen an die Kreuzung der Straßenbahn mit der Schmalspurbahn kurz vor dem Haltepunkt Weißes Roß. Bereits 1958 rumpelt die Lokomotive 99 699 mit einem Zug nach Radeburg über die Straßenbahngleise, ganz links im Bild ist gerade noch ein Gotha-Zweiachser zu sehen. *Foto: Miersch*

Einsatz zwischen Radebeul Ost und Radeburg

Betriebs-nummer 99 ...	von	Einsatzzeit	nach	Bemerkungen
654	Wil	06/1965 - 09/1966	Wil	
655	Wil	03/1968 - 06/1969	Fra	
673	Wil	10/1968 - 04/1969		z 30.4.1969
677	Wil	1939 - 12/1940	Wil	
678	Wil	12/1967 - 02/1969		z 7.2.1969
684	Wil	12/1966 - 04/1968	Wil	
690	Wil	1937 - 1945		Reparation UdSSR
691	Hei	1938 - 1945		Reparation UdSSR
692	Drf	11/1945 - 1963	Wil	Stammlokomotive
693	Drf	11/1945 - 01/1964		Einsatz auch in Lommatzsch und in Zittau
694	Zi	10/1953 - 07/1969	Wil	Stammlokomotive
696	Wil	1937 - 1945	Wil	
		1949 - 1955	Oth	
697	Hei	07/1938 - 01/1951	Wil	
		10/1962 - 01/1966	»z«	1948-1949 auch in Wil
699	Lom	01/1949 - 6/1968		
		1946 - 1947	Wil	Stammlokomotive
703	Wil	11/1967 - 05/1968	Wil	
		12/1970 - 11/1971	»z«	
706	Chh	10/1967 - 07/1968	Wil	
		03/1971 - 10/1971	Wil	
713	Nos[1]	06/1975		Betriebsfähige Traditionslokomotive
715	Wil	01/1973 - 12/1991	Hai	Kalte Ausstellungslokomotive des Vereins »Traditionsbahn Radebeul e. V.«

[1] heute DB Regio ZNL Dresden

Chh	Chemnitz-Hilbersdorf	Nos	Nossen
Drf	Dresden-Friedrichstadt	Oth	Kurort Oberwiesenthal
Frau	Frauenstein	Wil	Wilsdruff
Hai	Freital-Hainsberg	z	außer Dienst
Hei	Heidenau	Zi	Zittau
Lom	Lommatzsch		

gehörten die Lokomotiven 99 691, 692, 693, 694 und 699. Als 1969 die erste Lokomotive der Baureihe $99^{77\text{-}79}$ ankam (Lokomotive 99 775), ging der Einsatz der Baureihe $99^{64\text{-}71}$ bis 1971 zu Ende.

Gleich drei Maschinen der Baureihe $99^{64\text{-}71}$ warten am 25. September 1964 am Heizhaus von Radebeul Ost auf neue Einsätze: Vor dem Schuppen stehen die Lokomotiven 99 697 und 694, jede bei unterschiedlichen Herstellern gebaut. Die Lokomotive 99 654 im Haus fuhr nach ihrer Auslieferung zuerst in Wilsdruff. *Foto: Meyer*

Den Güterzug von Radeburg nach Radebeul Ost hat im April 1967 die Lokomotive 99 678 nach Moritzburg gebracht. Das helle Schild an der Rückseite sagt: »Lebensgefahr. Das Kuppeln der Lok von Führerhaus zu Führerhaus ist verboten«. Ursache für diesen Hinweis war der abgeschrägte Kohlekasten. *Foto: Uhlemann*

Ebenfalls im Bahnhof Moritzburg wartet im Jahr 1969 die Lokomotive 99 697 mit dem Güterzug die Kreuzung des nach Radeburg fahrenden Personenzuges ab. *Foto: Meyer*

Einst ein alltägliches Bild: Der Personenzug nach Radeburg verläßt Radebeul Ost, hier gezogen von der Lokomotive 99 696 (1965).
Foto: Scheffler

Vor einem Personenzug nach Radebeul Ost wartet die Lokomotive 99 699 in Moritzburg. Die Maschine beendete ihre Zugeinsätze 1969 und wurde Dampfspender im Erzgebirge.
Foto: Spranger

Zwei Museumslokomotiven stehen 1975 vor dem Zug in Radeburg: Lokomotive 99 539 (ehemals Gattung IV K) und die Lokomotive 99 1713 (99 713). *Foto: R. Preuß*

In gutem Erhaltungszustand und passend zu den Wagen: Traditionslokomotive 99 1713 im Jahr 1998 kurz vor dem Bahnhof Radeburg. *Foto: R. Preuß*

1954 gedachte man des 70. Streckenjubiläums von Radebeul Ost–Radeburg, und die Lokomotive 99 694 machte darauf aufmerksam. *Foto: Sammlung Galistel*

Eine nicht alltägliche Fuhre rollte im Juni 1947 über die Schmalspurgleise im Lößnitzgrund: Der Kessel mußte von Coswig nach Radeburg umgesetzt werden. Die Lokomotive 99 646 zieht ihn auf einem Rollwagen über die Straßenbahngleise am Haltepunkt Weißes Roß. *Foto: Sammlung Galistel*

Hainsberg–Kipsdorf (26,7 km)

Die Mehrzahl der Ansichtskarten von der Weißeritztalbahn zeigt Personenzüge. An der Strecke befinden sich mehrere Ausflugsgebiete, die von den Städtern aus Dresden und den Bewohnern der Orte im Plauenschen Grund gern aufgesucht wurden, so der romantische Rabenauer Grund, Kipsdorf im Osterzgebirge und, als die Weißeritz gestaut wurde, die Talsperre Malter. Neben dem starken Personenverkehr hatte die Strecke nach Kipsdorf aber auch einige Bedeutung im Güterverkehr. Fast jede Betriebsstelle besaß Ladegleise. In Hainsberg war die Rollbockgrube durchgehend mit Rangierpersonal besetzt. In den Güterwagen befand sich überwiegend Kohle, Dünger und Eisenteile und auch Langholz. Güterzüge fuhren bis Kipsdorf. In Schmiedeberg befindet sich eine Eisengießerei, der ein Großteil des Güterverkehrs galt. Als Hochwasser 1927 die Müglitztalbahn schwer beschädigte, nahmen Bahnhöfe an der Strecke Hainsberg–Kipsdorf die für die Müglitztalbahn bestimmten Güter auf, ebenfalls, als diese Bahn wegen des Umbaus auf Normalspur gesperrt war.

Ein Großteil der Maschinen der Baureihe $99^{64\text{-}71}$ war erst einmal auf dieser Strecke, um Probe- und Indizierfahrten zu absolvieren. Sechs fabrikneue Fahrzeuge verblieben hier und übernahmen sofort 80 Prozent der Zugleistungen. Bereits 1923 kamen die nächsten Maschinen an, Bedarf für sie gab es aber erst ab 1926. Bei einem Einsatzbedarf von täglich 5 bis 6 Maschinen waren bis zu 11 im Bestand. Die letzten beiden Lokomotiven der Baureihe $99^{51\text{-}60}$ hielten sich bis 1923. Die bei den Güterzügen zwischen dem Plauenschen Grund und dem Osterzgebirge üblichen Vorspanndienste erübrigten sich mit den neuen, starken Lokomotiven. Erstmals hingen Lasten von 200 t an der Kupplung. Mit der noch stärkeren Baureihe $99^{73\text{-}76}$ verschwanden rasch innerhalb eines Jahres die Maschinen der Baureihe $99^{64\text{-}71}$, man vergaß sie schnell auf dieser Strecke.

Eine Henschel-Lokomotive der Gattung VI K (Betriebsnummer unbekannt) steht 1924 in Schmiedeberg am Zug nach Kipsdorf. Interessant an dem Bild ist nicht nur die Lokomotive der sächsischen Staatseisenbahnen, sondern auch, daß der Zug vier Post- und Gepäckwagen mitführt, danach erst kommen 5 Personenwagen. *Foto: Sammlung Scheffler*

Einsatz zwischen Hainsberg und Kipsdorf

Betriebs-nummer 99 ...	von	Einsatzzeit	nach	Bemerkungen
641	FA	05/1920[1] - 1926	Wil	
642	FA	09/1919[2] - 1926	Wil	
644	FA	06/1920[3] - 1930	Wil	
646	FA	10/1920[4] - 1929	Wil	
647	FA	03/1920[5] - 1926	Hei	
648	FA	09/1919[6]	Wil	Meßfahrten mit IV K/132 und 194
653	FA	1920 [6] - 1922	Wil	
654	Wil	1950 - 1950	Wil	
655	FA	11/1919[8] - 1929	Raw	z 1970 in Hainsberg
672	FA	06/1923 - 1930	Hei	
673	FA	07/1923 - 1930	Wil	
675	FA	06/1923 - 1931	Wil	
676	Wil	1934 - 1935	Wil	
677	FA	07/1923 - 1931	Wil	
678	FA	07/1923 - 1926	Wil	
691	Hei	1929 - 1931	Hei	
693	Gei	1930 - 1931	Zi	
701	Zi	1930 - 1931	Zi	
707	Thu	1932 - 1934	Thu	
708	Wil	1928	Wil	Versuchslokomotive für die elektrische Zugbeleuchtung
709	FA	01/1927 - 1931 und 1934	Zi	
713	Hei	11/1929 - 1931	Zi/Rad	
716	Hei	1930 - 1931	Zi	

1 mit Betriebsnummer 210 der Sächsischen Staatseisenbahnen
2 mit Betriebsnummer 211 der Sächsischen Staatseisenbahnen
3 mit Betriebsnummer 213 der Sächsischen Staatseisenbahnen
4 mit Betriebsnummer 215 der Sächsischen Staatseisenbahnen
5 mit Betriebsnummer 216 der Sächsischen Staatseisenbahnen
6 mit Betriebsnummer 217 der Sächsischen Staatseisenbahnen
7 mit Betriebsnummer 222 der Sächsischen Staatseisenbahnen
8 mit Betriebsnummer 224 der Sächsischen Staatseisenbahnen

FA	Fabrikanlauf	Thu	Thum
Gei	Geising	Wil	Wilsdruff
Hei	Heidenau	Zi	Zittau
Rad	Radebeul Ost	z	außer Dienst
Raw	Reichsbahnausbesserungwerk Görlitz		

Nur ein kurzes Gastspiel gab die Lokomotive 99 714 in Hainsberg. Sie gehört zu den Maschinen, die von der Sächsischen Maschinenfabrik im letzten Baujahr der Baureihe 99$^{64-71}$ ausgeliefert wurden. 1952 steht sie in der Einsatzstelle in Hainsberg.
Foto: Otte

Wie in alten Zeiten: Ein Museumszug von Freital-Hainsberg nach Kurort Kipsdorf dampft 1993 an der Malter-Talsperre entlang dem Bahnhof Dippoldiswalde entgegen, es führt die Traditionslokomotive 99 713. *Foto: Scheffler*

Vor Rollwagen in Hainsberg steht die Lokomotive 99 677. Sie trägt die seitliche Betriebsnummer am Wasserkasten, der Turbo-Generator fehlt noch – eine frühe Aufnahme um 1925. Die Lokomotive blieb beim Osteinsatz in Danzig. Foto: Sammlung R. Preuß

Heidenau[1]–Altenberg (41,6 km)

Als erste Maschine der Gattung VI K traf die Lokomotive mit der Nummer 220 (später DR 99 651) in Mügeln b. Pirna ein, nachdem sie ihre Probefahrt von Hainsberg nach Kipsdorf bestanden hatte. Auch hier waren Verbesserungen am Oberbau notwendig. Nach einzelnen Zuweisungen im Jahre 1923 und 1924 kamen 1926 sechs Maschinen auf die Strecke Heidenau–Altenberg, die den Namen Müglitztalbahn trug und dennoch stark geneigte Abschnitte hatte. Für die Maschinen der letzten Anlieferung fanden die Indizierungsfahrten auf dieser Strecke zwischen Heidenau und Glashütte statt und nicht wie vorher üblich auf der Strecke von Hainsberg in Richtung Kipsdorf. 1929 beheimateten die Lokomotivstationen der Müglitztalbahn 14 der neuen Lokomotiven, acht der speziell dieser Strecke zugeteilten Maschinen (99 611 bis 619; ehemals Gattung V K) waren ebenfalls hier, gehörten jedoch schon zur Reserve und wurden für einfachere Dienste eingesetzt.

[1] Bis 1920 Mügeln b. Pirna

Die Baureihe 99^{64-71} brachte für die Personenzüge einen Fahrzeitgewinn, die Wintersportzüge mit 60 Achsen fuhren allerdings mit Vorspannlokomotive. Als die Bauarbeiten für die neue Müglitztalbahn in Normalspur begannen, gab es auf der Schmalspurbahn mit 20 Maschinen den höchsten Lokomotivbestand, denn die schmalspurigen Lokomotiven wurden für Baustofftransporte gebraucht. Dazu reichte der normale Bestand nicht aus, die Reichsbahndirektion Dresden setzte bis zu sechs weitere Lokomotiven der Baureihe 99^{64-71} zusätzlich hierher um. Mit der Fertigstellung der normalspurigen Bahn ging die Zeit der Baureihe 99^{64-71} im Müglitztal zu Ende, am 14. August 1938 fuhren die Lokomotiven 99 702 und 99 713 die letzten schmalspurigen Personenzüge. Mehrere Monate noch war die Lokomotive 99 696 für den Abbau der Strecke eingesetzt. Maschinen der Baureihe 99^{64-71} wurden frei für Württemberg, andere kamen nach Wilsdruff und Radeburg. Auf der schmalspurigen Müglitztalbahn war die ehemalige Baureihe V K dominant, die Baureihe 99^{64-71} brachte jedoch die größere Leistung.

Nach Ankunft im Bahnhof Altenberg (Erzgeb) umfährt die Lokomotive 99 675 am 26. September 1934 die Wagen ihres Zuges. Im Hintergrund ist der Geisingberg zu sehen, davor steht links der Lokomotivschuppen. *Foto: Sammlung R. Preuß*

Einsatz zwischen Heidenau und Altenberg

Betriebs-nummer 99 ...	von	Einsatzzeit	nach
647	Hai	1926 - 1928	Wil
649	Wil	1926 - 1931	Thu
650	Wil	1924 - 1928	Ohs
651	FA	1919- 1928	Ohs
653	Kli	1934 - 1935	Frp
671	FA	1923 - 1938	Hei
672	Hai	1930 - 1938[1]	Hei
675	Wil	1933 - 1934	Wil
677	Wil	1935 - 1936	Frp
685	Thu	1936 - 1937	Wil
690	FA	1926 - 1934	Wil
691	FA	1926 - 1938	Rbg
692	FA	1926 - 1938	Wil
693	FA	1926 - 1937	Wil
694	FA	1926 - 1937	Wil
695	FA	1926 - 1939	Wil
696	Zi	1929 - 1937	Rbg
697	Zi	1929 - 1938	Rbg
698	Zi	1926 - 1936[1]	Bei
699	Zi	1930 - 1936	Wil
702	FA	1926 - 1938	Zi
704	Wil	1936 - 1937	Zi
713	Wil	1935 - 1938	Wil
714	Wil	1937	Wil
715	Thu	1936 - 1937	Wil
716	Thu	1929 - 1930	Hai

Lokomotivstationen: Heidenau, Glashütte, Geising (bis 1923 Geising-Altenberg), Altenberg

[1] zeitweise in Wilsdruff

Bei	Beilstein	Mei	Meißen-Jaspisstraße
FA	Fabrikanlauf	Ohs	Ochsenhausen
Frp	Freital-Potschappel	Rag	Radeburg
Hai	Hainsberg	Thu	Thum
Hei	Heilbronn	Wil	Wilsdruff
Kli	Klingenberg-Colmnitz	Zi	Zittau

100 Jahre nach Eröffnung der Müglitztalbahn von Mügeln b. Pirna nach Geising-Altenberg beging man das Jubiläum mit einer kleinen Lokomotivausstellung in Altenberg (Erzgeb), bei der auch die Lokomotive 99 1713 gezeigt wurde. Um dorthin zu gelangen, mußte sie auf einen Schmalspurtransportwagen verladen werden, einst war sie auf eigenenen Rädern auf die Höhen des Osterzgebirges gefahren (8.7.1990). *Foto: Galistel*

Ein wunderschönes Bilddokument aus den zwanziger Jahren zeigt einen Zug aus sechs Personenwagen und einem Gepäckwagen auf der Fahrt in Richtung Altenberg. Noch befindet er sich im Müglitztal, in der Kleinstadt Glashütte, und wird von der Lokomotive 99 702 oder 704 gezogen. *Foto: Sammlung Scheffler*

Im August 1938 steht die heutige Traditionslok 99 713 vor einem Arbeitszug unweit des Bahnhofs Altenberg (Erzgeb). *Foto: Sammlung Treichel*

Zittau–Hermsdorf i. B. (15,9 km) und Zittau–Oybin/Jonsdorf (14,4 km)

Für seine schmalspurige Strecken von 30 Kilometern bekam Zittau in den Jahren 1925 und 1926 aus Karlsruhe sechs fabrikneue Nachbau-Lokomotiven zugewiesen, 1927 kamen nochmals drei Maschinen an, diesmal aus Chemnitz von der Sächsischen Maschinenfabrik. Bereits die ersten Lokomotiven der Baureihe 99^{64-71} lösten die der ehemaligen Gattung I K ab, es blieben jedoch die der Baureihe 99^{51-60} (ehemalige Gattung IV K) in Zittau. Die stärkeren Lokomotiven fuhren vorerst die Güterzüge. Probefahrten und Prüfung auf Laufeignung fanden zwischen Zittau und Bertsdorf statt, wo die Strecke im letzten Abschnitt in einer Steigung von 1 : 30 liegt, erstmals mit Lokomotive 99 697 am 10. Dezember 1925.

Die Maschinen der Baureihe 99^{64-71} befuhren die Strecke nach Oybin und Jonsdorf wie auch nach Hermsdorf i. B. und sollen von hier weiter bis zum

Stolz stellt sich Lokomotivführer Paul 1952 vor seine geputzte Lokomotive im Bahnhof Kurort Oybin. Das Glückssymbol über der Betriebsnummer begleitete die Maschine viele Jahre.
Foto: Paul

Die Lokomotive 99 653 hat im Jahr 1952 ihren Zug nach Kurort Oybin gebracht und steht nun am Wasserkran, um ihre Vorräte zu ergänzen.
Foto: Krause

An Sonntagen, wenn den Personenzügen Verstärkungswagen beigestellt wurden, konnte auf Vorspanndienste nicht verzichtet werden. Hier ist die Lokomotive 99 653 auf Talfahrt vor einer Maschine der Baureihe $99^{73\text{-}76}$ auf dem Jonsdorfer Gleis im Bahnhof Bertsdorf (um 1950). *Foto: Siebeneicher*

1953 forderte angeblich die »3. Eisenbahnerkonferenz die Einheit Deutschlands«, so steht es als Losung an der Lokomotive 99 687 im Bahnhof Olbersdorf Oberdorf. Doch es dauerte noch 37 Jahre, bis dieses Ziel erreicht wurde – und die Lokomotive 99 687 verpaßte die Einheit um 15 Jahre, denn sie verschwand 1975 von den Schienen. *Foto: Paul*

Einsatz zwischen Zittau und Hermsdorf i. B. sowie Zittau - Kurort Oybin/Kurort Jonsdorf

Betriebs-nummer 99 ...	von	Einsatzzeit	nach	Bemerkungen
642	Wil	1949 - 1953	Wil	
644	Lom	04/1950 - 02/1953	Wil	
646	Lom	07/1950 - 07/1953	Wil	
653	Lom	07/1950 - 10/1953	Wil	
655	Fra	02/1946 - 11/1947	Wil	
685	Wil	01/1946 - 04/1954	Wil	
687	Wil	12/1953 - 04/1954	Wil	
693	Hai	10/1931 - 10/1933	Hdn	
694	Wil	01/1945 - 07/1951	Rag	
696	FA	12/1925 - 11/1929	Hdn	
697	FA	12/1925 - 12/1929	Hdn	10.12.1925 erste Probefahrt der neuen Lokomotiven in Zittau
698	FA	03/1925 - 1926	Hdn	
699	FA	03/1926 - 01/1930	Hdn	
700	FA	03/1926 - 06/1945		In den 30er Jahren in Wilsdruff; Reparation UdSSR
701	FA	1927 - 1935	Hdn	
702	Hdn	1938 - 05/1945		Lokomotivbahnhof Reichenau; in der Tschechoslowakei verblieben
704	Wil	1937 - 05/1940	Ohs	
709	Hai	09/1931 - 11/1933	Wil	
711	FA	03/1927 - 05/1945		1.3.1927 Probefahrt Zittau - Bertsdorf; Reparation UdSSR
712	FA	03/1927 - 08/1928	Thu	
713	FA	03/1927 - 08/1929	Wil	
		11/1931 - 11/1933	Hdn	
716	Hai	09/1931 - 09/1933	Wil	

FA	Fabrikanlauf	Ohs	Ochsenhausen
Fra	Frauenstein	Rag	Radeburg
Hai	Hainsberg	Thu	Thum
Hdn	Heidenau	Wil	Wilsdruff
Lom	Lommatzsch		

Einen für die Strecke ungewöhnlich kurzen Zug zieht die Lokomotive 99 701 von Zittau in den Bahnhof Zittau Vorstadt. Sonst fuhren die Züge mit fünf Personen- und einem Gepäckwagen. Die Lokomotive war von 1927 bis 1935 in Zittau.
Foto: Sammlung R. Preuß

Unter die Reparationsleistungen fiel die Lokomotive 99 711. Die Aufnahme im Bahnhof Kurort Oybin entstand Ende der zwanziger Jahre. *Foto: Sammlung R. Preuß*

1990 wurde die Schmalspurbahn von Zittau nach Oybin und Jonsdorf 100 Jahre alt. Aus diesem Anlaß wurde die Lokomotive 99 1713 in Zittau gezeigt. Sie war vom Hersteller aus Chemnitz im Jahre 1927 direkt auf diese Schmalspurbahn gekommen, damals mit der Betriebsnummer 99 713. *Foto: Galistel*

Bahnhof Friedland (Fr″dlant) in Böhmen gekommen sein. Beheimatet waren im Jahre 1928 beim Bahnbetriebswerk Zittau 8 Maschinen, 1933 nur noch 5, denn Zittau erhielt die neuen Lokomotiven der Baureihe $99^{73\text{-}76}$, so daß hier nach und nach auf die Baureihe $99^{64\text{-}71}$ verzichtet werden konnte. Erst nach dem Zweiten Weltkrieg war sie wieder in Zittau, denn die in der sowjetischen Besatzungszone verbliebene Schmalspurbahn Zittau–Kurort Oybin/Kurort Jonsdorf konnte gerade noch vor dem Abriß für die Reparationsabgaben bewahrt werden, die sowjetische Administration nahm ihr jedoch bis auf zwei die vorhandenen hochwertigen Lokomotiven, so daß ein ordentlicher Zugverkehr unmöglich wurde. Die Reichsbahndirektion Dresden verteilte Lokomotiven von den Strecken, die von Beutekommissionen verschont geblieben waren, um, und so kamen 1946 die ersten Maschinen der Baureihe $99^{64\text{-}71}$ wieder nach Zittau.

Netz von Thum (43,32 km)

Das Netz von Thum bestand in Wirklichkeit aus drei Strecken, die sternförmig vom Bahnhof Thum aus die Verbindung zu verschiedenen Normalspurstrecken herstellten. Mehrere Anschlußgleise verhalfen dem Netz zu einiger Bedeutung. An den drei Übergangsstellen zur Normalspur in Meinersdorf (Erzgeb), Willischthal und Schönfeld-Wiesa gab es Umsetzanlagen für die Rollwagen und Überladerampen für Betriebsmittel.

Die Baureihe $99^{64\text{-}71}$ kam erstmals mit der Lokomotive 99 684 nach Thum, die Maschine absolvierte die Probefahrt am 2. November 1925 zwischen Schönfeld-Wiesa und Thum, ihr folgten bald weitere Maschinen der gleichen Baureihe, so daß nach wenigen Monaten die Lokomotivbahnhöfe Thum und Geyer neun, im Jahr 1928 gar dreizehn (davon eine in Meinersdorf (Erzgeb)) beheimateten.

Bis 1930 sah man die Lokomotive 99 703 auf den Thumer Strecken, dann wechselte sie für immer in das Wilsdruffer Netz.

Foto: Sammlung Scheffler

Einsatz auf den Strecken des Thumer Netzes

Betriebs-nummer 99 ...	von	Einsatzzeit	nach	Bemerkungen
649	FA	08/1931 - 05 1933	Mei	
684	FA	11/1925 - 03/1933	Wil	
685	FA	11/1925 - 12/1935	Hdn	
686	FA	11/1925 - 1935	Wil	
687	FA	03/1926 - 07/1933	Wil	1931 - 1933 in Geyer
688	FA	12/1925 - 05/1933	Wil	1930 - 1933 in Geyer
703	FA	02/1926 - 111/1930	Moh	
705	FA	02/1926 - 1934	Oth	1969 - 1971 in Schönfeld-Wiesa
706	FA	02/1926 - 11/1942		Osteinsatz
707	FA	1926 - 1946		1932 - 1934 in Hainsberg; Reparation UdSSR
709	Wil	10/1942 - 03/1943		Osteinsatz
712	Zit	12/1928 - 01/1943		Osteinsatz
714	FA	03/1927 - 1933	Oth	
715	FA	04/1927 - 09/1936	Hdn	
716	FA	09/1927 - 05/1929	Hdn	
717	FA	1927 - 1945		auch Kurort Oberwiesenthal; Reparation UdSSR

FA	Fabrikanlauf	Oth	Kurort Oberwiesenthal
Fra	Frauenstein	Zi	Zittau
Hdn	Heidenau	Mei	Meißen-Jaspisstraße
Moh	Mohorn	Wil	Wilsdruff

Zur Reserve waren zwei Maschinen der Baureihe $99^{51\text{-}60}$ verblieben, auf den regulären Zugdienst hatten sie keinen Einfluß, den besorgten allein die Fünfkuppler. Doch im Jahre 1933 erhielt das Thumer Netz die neuen, besseren Maschinen der Baureihe $99^{73\text{-}76}$, die den überwiegenden Teil des Zugdienstes übernahmen. Für die Streckenäste nach Wilischthal und Schönfeld-Wiesa verblieben noch die Maschinen 99 709 und 712, die dann an die Ostfront abzugeben waren und nach Kriegsende zu den Reparationsleistungen an die UdSSR gehörten (mit der Lokomotive 99 707). Von 1967 an ging es mit dem Netz von Thum zu Ende, zuletzt blieben nur zwei Reste, davon ein 1,45 km langer Torso von Schönfeld-Wiesa zur Papierfabrik, den die Lokomotive 99 705 bis zum 17. März 1971 bediente. Sie wurde anschließend ausgemustert.

Cranzahl–Kurort Oberwiesenthal (17,3 km)

Einsatz zwischen Cranzahl und Kurort Oberwiesenthal

Betriebs-nummer 99 ...	von	Einsatzzeit	nach	Bemerkungen
644	Wil	1946	Wil	
696	Thu	08/1955 - 11/1955	Wil	
705	Thu	1934 - 1936	Wil	
714	Thu	1933 - 1937	Hei	
717	Thu	1932 - 1936	Thu	Reparation UdSSR

Nicht vollständig, weil Aushilfseinsätze in den Betriebsbüchern nicht immer dokumentiert wurden.

Hei	Heidenau
Thu	Thum
Wil	Wilsdruff

Auf dieser Strecke gehörten die Züge den neuen Einheitslokomotiven der Baureihe $99^{73\text{-}76}$, die die ehemaligen IV-K-Lokomotiven ablösten. Das Maschinenamt Chemnitz verfügte dennoch Lokomotiven der Baureihe $99^{64\text{-}71}$ von der Einsatzstelle Thum auf diese Strecke des oberen Erzgebirges, wo sie Sonderaufgaben übernahmen oder in der Reserve blieben.

Nach dem Krieg, als die Strecke im Dienst des Uranerzbergbaus

Nicht in Oberwiesenthal, aber ganz in der Nähe entstand dieses Bild. Nur einmal fuhr eine Maschine der Baureihe 99^{64-71} auf der Strecke Wolkenstein–Jöhstadt, allerdings als kalte Lokomotive, denn die 99 699 war als Heizlokomotive in Jöhstadt vorgesehen. Am 18. Mai 1970 steht sie neben der 99 599 (IV K) in Jöhstadt. *Foto: Heinrich*

stand, kam 1955 die Lokomotive 99 696 nach Kurort Oberwiesenthal.

Netz von Wilsdruff (94,5 km)

Die mit dem Bahnhof Wilsdruff verbundenen Strecken, landläufig als Wilsdruffnetz bezeichnet, hatten insgesamt die größte Betriebslänge aller sächsischen Schmalspurstrecken. Das Netz reichte von Meißen-Triebischtal über Wilsdruff bis Freital-Potschappel und von Wilsdruff nach Nossen sowie mit einem Streckenast von Oberdittmannsdorf bis zum oberergebirgischen Frauenstein und berührte über 100 Orte. Der Abschnitt Garsebach–Mertitz–Gärtitz stellte die Verbindung zum Mügelnnetz her. In dieses fuhren Lokomotiven der Baureihe 99^{64-71} nur als Leihgabe während der Zuckerrübenkampagne.

Der Lokomotivbahnhof Wilsdruff wurde 1921 als Haupteinsatzstelle eingerichtet, von 1952 bis 1972 galt er sogar als eigenständiges Bahnbetriebswerk, zu dem die Lokomotivbahnhöfe Frauenstein, Freital-Potschappel, Meißen Jaspisstraße und Mohorn gehörten.

Straffe Dienste galt es zwischen Freital-Potschappel und Wilsdruff zu meistern, die Steigung von 1:30 zwang oft zu Vorspanndiensten bis Kesselsdorf. In der nördlich von Wilsdruff gelegenen Lommatzscher Pflege, einem weiten, fruchtbaren und keineswegs flachen Anbaugebiet für Obst und vor allem Zuckerrüben, lagen Streckenabschnitte in Gefälle und Steigung, so daß die Züge auch dort für das Personal keine »leichte Fuhre« waren. Der Gü-

N 11165 (70,3) B

Meißen Jaspisstraße—Lommatzsch

Höchstgeschwindigkeit 20 km/h
K 55. 8 u 9 (99^{64-72}) od
K 44. 7 u 8 (99^{51-60})

Mindestbremshundertstel { Mei Jasp—Gar Hbbr 43 Köbr 37; Gar—Löth Hbbr 76 Köbr 41; Löth—Lomm Hbbr 60 Köbr 33 }

Last { Mei Jasp—Gar 225 t od 135 t; Gar—Löth 110 t od 70 t; Löth—Zöth 250 t od 225 t; Zöth—Lomm 175 t od 90 t }

1	2	3	4	5	6	7	8	9	10	11
.		**Meißen Jaspisstraße (u)**	—	—	827					
1,8		Anschl Buschmühle	833	6	39	5,3	4,6			
1,7		**Garsebach**	849	9	858	9,4	7,8			

Garsebach—Mertitz Gabelstelle vereinfachter Nebenbahndienst

1	2	3	4	5	6	7	8	9	10	11	12	13
Entfernung km	Beschränkung der Höchstgeschw im Gefälle km/h	Betriebsstellen	Ankunft	Aufenthalt M	Abfahrt	planmäßige Fahrzeiten M	kürzeste Fahrzeiten M	Kreuzung mit Zug	überholt / wird überholt durch Zug	Einfahrt in Gleis	Kreuzungshalt vor Einfahrt	Zuglaufmeldung durch
		Garsebach	849	9	858							
3,0		Löthain ....(u)	910	10	920	11,6	9,6			3		Zf
1,9		Görna-Krögis ....(u)	—	×	27	7,1	6,1			1		
1,4		Mauna ....(u)	—	×	34	6,7	5,4			1		
2,2		Leutewitz ....(u)	42	8	50	7,9	7,0			1		Zf△
0,6		Anschl Stein...........	—	×	53	2,6	2,2					
1,2		Käbschütz..........(u)	—	×	58	4,6	4,0			1		
2,7		Zöthain ....(u)	—	×	1009	10,4	8,9			1		
0,7		**Mertitz Gabelstelle** .	1013	10	1023	3,9	3,0	11166		2		

1	2	3	4	5	6	7	8	9	10	11
		Mertitz Gabelstelle .	1013	10	1023					
2,0		**Lommatzsch**	1033	—	—	9,4	6,8			

△ Wenn N 11363 verkehrt
R 2: 40 Min

Der Buchfahrplan von 1956 sieht für den Nahgüterzug 11165 zwei Baureihen vor, eine davon die Baureihe 99^{64-71}.

Nicht am Führerhaus, sondern wie anfangs vorgesehen am Wasserkasten trägt die Lokomotive die Betriebsnummer 99 646. Als die Aufnahme 1927 im Bahnhof Freital-Potschappel entstand, fuhr die Lokomotive noch mit Trichterkupplung und Heberleinbremse *Foto: Sammlung Moll*

Einer Großen der Baureihe 99^{77-79} täuschend ähnlich: Lokomotive 99 1648 nach der »Rekonstruktion« am 17. Juli 1971 im Bahnhof Nossen. *Foto: R. Preuß*

Mit einer ungewöhnlichen Pflugschar räumt die Lokomotive 99 689 im Winter 1955 in Mohorn den Schnee von den Bahnhofsgleisen.
Foto: Sammlung Göhler

Während die Lokomotive 99 1653 (rechts) im Bahnhof Mohorn Wasser nachfaßt, steht die Lokomotive 99 1648 am 11. September 1971 vor zwei »Klassen«, die zur Verstärkung dem rechten Zug beigestellt werden sollen. *Foto: R. Preuß*

Im Bahnhof Frauenstein steht am 6. Oktober 1971 die Lokomotive 99 1684. Nur schwach zu sehen ist die am Führerhaus aufgemalte Betriebsnummer. Die Maschine gehört nicht zu den Umbau-Lokomotiven, was am schrägen Tender zu sehen ist. *Foto: Sammlung E. Preuß*

Am 19. September 1970 zeigt die Lokomotive 99 1715 in Klingenberg-Colmnitz ihre reich bestückte Rückfront: Zu sehen sind Schneeräumer, Trichterkupplung, Heizkupplung, elektrische Kupplung und der Schlauch der Kupplung für die Saugluftbremse. Über der dritten Signallampe befinden sich nur Seilrollen für die Heberleinbremse. *Foto: E. Preuß*

Die »50« an der Lokomotive 99 692 weist auf das Alter der Strecke Wilsdruff–Nossen hin. Eisenbahner des Wilsdruffer Lokomotivhauses versammelten sich am 31. Januar 1949 zum Gruppenfoto und verdecken fast die dahinter stehende Lokomotive mit dem Funkenkobel, die vier Jahre später die Nummer 99 4051 erhalten wird. *Foto: Sammlung Wagner*

1967 fährt die Lokomotive 99 703 mit einem kurzen Personenzug in den Bahnhof Oberdittmannsdorf ein. *Foto: Scheffler*

Noch kürzer ist dieser Zug: Ein Gepäck- und ein Traglastenwagen genügen für den Personenzug nach Frauenstein, den im September 1970 die Lokomotive 99 705 im Bahnhof Klingenberg-Colmnitz bespannt. *Foto: Nitzsche*

Am 17. Juli 1971 hält der Personenzug von Nossen nach Wilsdruff am reichlich zugewachsenen Bahnhof Siebenlehn, es führt die »rekonstruierte« Lokomotive 99 1706. *Foto: R. Preuß*

Knapp zwei Monate später verläßt dieselbe Lok mit einem Güterzug Wilsdruff in Richtung Freital-Potschappel. *Foto: R. Preuß*

Fein geputzt steht die Lokomotive 99 1714 im Oktober 1971 in Siebenlehn. Zuletzt wurde sie Heizlokomotive in Wilsdruff. Erhalten blieben von ihr drei Achsen: eine steht als Denkmal vor der Gaststätte »Zur Bimmelbahn« in Wilsdruff, die beiden anderen befinden sich als Privatbesitz in Wilsdruff und in Dresden. *Foto: Wünschmann*

Einsatz auf den Strecken des Wilsdruffer Netzes

Betriebs-nummer 99 ...	ab 1970: 99	von	Einsatzzeit	nach	Bemerkungen
641		Hai	1926 - 1933	Mei	
		Mei	1938 - 1945		oft in Lommatzsch und Meißen Jaspisstraße; Reparation UdSSR
642		Hai	1926 - 1949	Zi	oft Frauenstein
		Zi	1953 - 1968		
643		FA	1920 - 1944		oft Frauenstein; 1944 an RBD Linz
644		Hai	1930 - 1968		oft leihweise Lommatzsch; 1946 Oberwiesenthal
645		FA	1920 - 1944		oft Meißen Jaspisstraße; an Ostbahn Radom
646	1646	Hai	1929 - 1950	Zi	
		Zi	1953 - 1969		oft Lommatzsch und Meißen-Jaspisstraße
647		Hdn	1928 - 1944		oft in Mohorn, 1944 an RBD Linz
648	1648	FA	1919 -1972		oft in Klingenberg-Colmnitz
649		Thu	1933 - 1942		oft Lommatzsch und Meißen-Jaspisstraße; 1942 an Ostbahn Radom
650		FA	1919 - 1924	Hdn	
652		FA	1920 - 1945		oft Lommatzsch; Reparation UdSSR
653	1653	Hai	1922 - 1934	Hdn	zeitweise Lommatzsch und Freital-Potschappel
		Hdn	1935 - 1950	Zi	
		Zi	1953 - 1973		
654	1654	FA	1920 - 1973		zeitweise in Mohorn; 1950 in Hainsberg, 1965 - 1966 in Radebeul Ost
655	1655	Hai	1929 - 1945	Hai	oft in Frauenstein und Mohorn
		Zi	1948 - 1968	Rad	
		Rad	1969 - 1970	Hai	
672		Hdn	1932 - 1934	Hdn	
673	1673	Hai	1930 -1968	Rad	1943/44 Osteinsatz
674		FA	1923 - 1945		zeitweise in Klingenberg-Colmnitz; Bombenschaden
675		Hai	1931 - 1933	Hdn	Reparation UdSSR
		Hdn	1934 - 1945		
676		FA	1923 - 1943		oft in Mohorn, 1934 in Hainsberg; Osteinsatz
677		Hai	1931 - 1935	Hdn	oft in Freital-Potschappel; 1943 Osteinsatz bei RBD Danzig
		Hdn	1936 - 1939	Rad	
		Rad	1940 - 1944		
678	1678	Hai	1926 - 1967	Rad	oft in Freital-Postchappel
684	1684	Thu	1933 - 1966	Rad	
		Rad	1968 - 1972		
685	1685	Hdn	1934 - 1946	Zi	
		Zi	1954 - 1971		
686		Thu	1935 - 1951		oft in Frauenstein
687	1687	Thu	1933 - 1953	Zi	
		Zi	1954 - 1973		
688		Thu	1933 - 1967		
689		FA	1926 - 1966		
690		Hdn	1934 - 1937	Rad	
692	1692	Hdn	1938 - 1945	Rad	ab 1957 nur zeitweise in Radebeul Ost
		Rad	1957 - 1970		
693		Hdn	1937 - 1945		
			1961 - 1963	Rad	
694	1694	Hdn	1937- 1945	Zi	
		Rad	1969 - 1973		
695		Hdn	1939 - 1944		vorwiegend in Freital-Potschappel; an RVD Riga
696	1696	Rad	1946 - 1949	Rad	
		Oth	1955 - 1973		
697		Rad	1948 - 1950	Rad	
		Rad	1952 - 1962	Rad	
698		Hdn	30er Jahre	Hdn	Wechsellok mit Heidenau

Betriebs-nummer 99 ...	ab 1970: 99	von	Einsatzzeit	nach	Bemerkungen
699	1699	Hdn	1936 - 1945	Rad	
		Rad	1948 - 1949	Rad	vorwiegend Lommatzsch
		Rad	1949 - 1969		
700		Zi	30er Jahre	Zi	
703	1703		1930 - 1971	Rad	Stammlokomotive in Mohorn
704		FA	1926 - 1927	Hdn	
		Hdn	1934 - 1935	Hdn	
705	1705	Oth	1936 - 1970	SWs	
706	1706	Thu	1938	Thu	auch in Radebeul Ost
		Ost	1944 - 1973		
708		FA	1927 - 1945		Reparation UdSSR
709		Zi	1933 - 1941	Thu	1934 in Hainsberg
710		FA	1928 - 1945		oft in Mohorn; Reparation UdSSR
713	1713	Zi	1933 - 1935	Rad	
		Hdn	1938 - 1972	Hdn	
714	1714	Hdn	1937 - 1974		
715	1715	Hdn	1938 - 1973	Rad	
716		Zi	1933 - 1937	Bei	

Zur Haupteinsatzstelle Wilsdruff (vom 1.2.1952 bis 31.12.1972 Bahnbetriebswerk) gehörten die Lokomotivbahnhöfe Frauenstein, Freital-Potschappel, Meißen Jaspisstraße und Mohorn. Sehr kurzfristige Einsätze in Radebeul Ost und Hainsberg sind nicht aufgeführt.

Bei	Beilstein	Rad	Radebeul Ost
FA	Fabrikanlauf	RBD	Reichsbahndirektion
Hai	Hainsberg	RVD	Reichsverkehrsdirektion
Hdn	Heidenau	SWs	Schönfeld-Wiesa
Mei	Meißen Jaspisstraße	Thu	Thum
Ost	Osteinsatz	Zi	Zittau
Oth	Oberwiesenthal		

Personenzüge mit Güterbeförderung gehörten zum Alltagsbild auf der Trasse nach Frauenstein.

Foto: Scheffler

terverkehr fand hauptsächlich in der Verbindung Freital-Potschappel–Wilsdruff–Nossen statt.

Im Jahre 1935 waren 20 Lokomotiven im Bestand, 11 in Wilsdruff, 3 in Mohorn, 2 in Freital-Potschappel und jeweils eine in Klingenberg-Colmnitz, Meißen-Jaspisstraße, Nossen und Frauenstein. Für den Zug- und Rangierdienst standen ausschließlich Maschinen der Baureihe $99^{64\text{-}71}$ unter Dampf.

Das traf auch auf die Nachkriegsjahre zu, wenn man von dem weniger erfolgreichen Einsatz der Außenseiter, die es vom Ausland hierher verschlug, absieht. Wie schon erwähnt, war fast jede Lokomotive der Baureihe $99^{64\text{-}71}$ im Wilsdruffer Netz vertreten, doch gab es nur wenige Lokomotiven, die als Stamm durchgehend oder über eine längere Zeit hier beheimatet waren. Zu ihnen gehörten die Lokomotiven 99 678, 689, 703 und 708. Die anderen gehörten zu Ausreißern von anderen Strecken, die vorübergehend zur Aushilfe oder als Reserve hierher abgegeben wurden. Das galt fast jährlich zur Rübensaison (September bis Januar), wenn zwei oder drei Maschinen als Leihgabe in Lommatzsch stationiert wurden, um die Güterzüge nach Döbeln Nord zu fahren, wo die Zuckerfabrik stand. Andere Maschinen wechselten öfter nach Radeburg oder kamen zur schnellen Aushilfe zum in der Nähe liegenden Hainsberg und auch nach Heidenau (bis 1938).

1966 begann für das Wilsdruffer Netz das Streckensterben. 1973 wurde der Zugverkehr gänzlich eingestellt. Mit der Reduzierung der Zugdienste schrumpfte sukzessive der Lokomotivbestand. 1972 fuhren nur noch vier der Umbau-Maschinen. Mit dem Ende der letzten Strecke des Wilsdruffer Netzes endete die Ära der Baureihe $99^{64\text{-}71}$.

Die württembergischen Strecken

Schussenried–Riedlingen (29,5 km)

Die als Federseebahn bezeichnete württembergische Strecke verband seit 1916 das an der Südbahn Ulm–Friedrichshafen liegende Schussenried mit dem an der Donautalbahn Ulm–Sigmaringen liegenden Riedlingen und berührte bei Bad Buchau das Naturschutzgebiet Federsee. Auf der Feder-

Nahe der Schussenquelle am Naturschutzgebiet Federsee fährt der kurze Güterzug nach Schussenried (1969).
Foto: Riehle

Im Frühjahr 1969 half die letzte »DB-VI K« auf dem verbliebenen Reststück der Federseebahn zwischen Bad Schussenried und Kappel aus. Im Bahnhof von Bad Buchau traf sie auf ihre bereits abgestellte Kollegin 99 637 (württ. Tssd).
Foto: Sammlung Koppisch, Archiv transpress

Als einzige DB-Schmalspurdampflok überhaupt erhielt die Lokomotive 99 651 eine EDV-Nummer. Als 099 651-2 rangiert sie im Übergabe-Bahnhof Bad Schussenried. *Foto: Sammlung Koppisch, Archiv transpress*

Am 31. Mai 1969 endete der Einsatz auf der Federseebahn, gleichzeitig wurde die Strecke stillgelegt. Mit den letzten Güterwagen steht die geschmückte Lokomotive 099 651 im Anschluß Kappel bei Bad Buchau. *Foto: O. Blaschke*

Nach der letzten Fahrt wurde die Lok von Schussenried nach Heilbronn zurücktransportiert. Die Lokomotive 251 902 schiebt »Jumbo« unter den Augen der »festlich gewandeten« Lokmänner auf den Transportwagen. *Foto: J. Krantz*

seebahn war der Einsatz der Baureihe 99^{64-71} untypisch, hier waren bis zur Ausmusterung die beiden letzten Tssd 99 633 und 637 zu Hause. Höchstens kam eine Maschine zur Aushilfe zur Lokomotivstation Buchau, meist die Lokomotive 99 704, die beim benachbarten »Öchsle« als Reservelokomotive stand und schnell hierher umgesetzt werden konnte. Gleichfalls war die Lokomotive 99 701, wenn auch noch seltener, auf der Federseebahn. Am 26. Januar 1969 tauchte nach fünfzehnjähriger Pause wieder eine Lokomotive der Baureihe 99^{64-71} hier auf, um auf dem verbliebenen Streckenast Schussenried–Kappel letzte Güterzugleistungen zu erbringen. Dabei handelte es sich um die Lokomotive 99 651, die das EDV-gerechte Betriebsnummernschild mit der Nummer 099 651-2 trug. Sie kam von Beilstein und ging nach der Streckenstillegung vom 31. Mai 1969 nach Beilstein am 4. Juni wieder zurück.

Biberach–Ochsenhausen (22,3 km)

Im Volksmund ist die Strecke als »Öchsle« bekannt, und hier fuhren 37 Jahre Lokomotiven der Baureihe 99^{64-71} im Plandienst vor den Zügen in einer reichlichen Stunde von Biberach bis Ochsenhausen. Zum Bestand gehörten längere Zeit zwei Einsatzlokomotiven und eine als Reserve. Von 1928 an waren das die Lokomotiven 99 650 und 99 651, beides Originale der sächsischen Gattung VI K. Damit wurden die Maschinen der württembergischen Gattung Tssd fast überflüssig, die Mallet-Lokomotive 99 632 blieb vorerst als Reserve. Auf sie wurde verzichtet, als 1940 von Zittau die Lokomotive 99 704 als dritte der Baureihe 99^{64-71} eintraf.

Die Heißdampflokomotioven zogen 150 t Zuglast über den ungefähr in Streckenmitte gelegenen Scheitelpunkt nahe Wennedach. Ab 1954 war für Zugdienst und Reserve jeweils nur noch eine Maschine erforderlich. Die Lokomotive 99 704 ging deshalb nach Beilstein. Als am 31. Mai 1964 vom Personenverkehr Abschied genommen wurde, zog die geschmückte Lokomotive 99 651 den Sonderzug. Das sollte zugleich der Abschied von der Baureihe 99^{64-71} sein, denn den verbliebenen Güterverkehr übernahmen die Diesellokomotiven der Baureihe V 51. Als letzte Schmalspurbahn der Bundesbahn auf dem Festland wurde das »Öchsle« 1983 ganz eingestellt, doch ab 1985 rollten auf der Strecke Museumszüge, vor denen allerdings zunächst die letzte Tssd 99 633 und aus Polen stammende Maschinen der Reihe Px48 eingesetzt wurden.

Erst seit 1997 dampft mit der 99 716 wieder eine Lokomotive der Baureihe 99^{64-71} durch Oberschwaben (Abschnitt 9).

Aus dem Jahr 1918 stammt die ursprünglich in Sachsen als VI K Nr. 219 gefahrene 99 650. Von 1928 bis 1965 war sie beim »Öchsle«, am 20. April 1960 wartet sie in Warthausen auf Weiterfahrt nach Biberach. *Foto: Moll*

Um 1963 steht ihre Schwesterlok 99 651 im Schmalspurteil des Bahnhofs Biberach. *Foto: Sammlung Koppisch, Archiv transpress*

Lauffen–Leonbronnn (20,3 km)

Nach kurzen Einsätzen kamen erst 1938 Lokomotiven der Baureihe 99^{64-71} auf die Zabergäubahn, bei der es Rollbockbetrieb gab. Das Bahnbetriebswerk Heilbronn stationierte die bei der Müglitztalbahn frei gewordenen Maschinen 99 671 und 99 672 sowie die später aus Zittau und Wilsdruff eingegangen Lokomotiven 99 701 und 716 im Lokomotivbahnhof Güglingen. Tauschaktionen zwischen den Lokomotivbahnhöfen Beilstein und Güglingen blieben nicht aus. So dampften im Zabergäu auch die Lokomotiven 99 679 und 99 680. Anderseits kam die hier beheimatete Lokomotive 99 716 auch auf die Bottwartalbahn. Die 99 716 war es schließlich auch, die den letzten Schmalspurzug durchs Zabergäu zog, ihre Nachfolge traten ab 1964 Schienenbusse der Baureihe VT 98 an, denn die Strecke wurde auf Normalspur umgebaut.

Nebenbahnatmosphäre in Güglingen. Lokomotive 99 704 hat ihren Zug von Lauffen gebracht und nimmt nun auf einem Nebengleis Wasser. *Foto: Illig, Sammlung Wollny*

Direkt neben den Gleisen der Hauptbahn Stuttgart–Heilbronn lag der Schmalspurbahnhof Lauffen (Neckar) der Zabergäubahn Lauffen–Leonbronn. Anfang der sechziger Jahre wartet die Lokomotive 99 704 auf Abfahrt, mit einem Zug in Richtung Stuttgart unterwegs ist E 17 103. *Foto: Illig, Sammlung Wollny*

Am 14. März 1964 hat die Lokomotive 99 672 mit einem Personenzug den Bahnhof Brackenheim erreicht, dessen typisch württembergisches Empfangsgebäude sinnigerweise nicht mit dem Ortsnamen sondern dem Titel »Bahnhof« geschmückt ist. *Foto: O. Blaschke*

Die bekannteste Lokomotive der Zabergäubahn ist die 99 716, der ein Lokführer den Kosenamen »Rosa« verliehen hatte. Sie durfte am 3. Mai 1964 den letzten Schmalspurzug durchs Zabergäu ziehen, das Bild zeigt die Fuhre in Lauffen. Die Strecke selbst lebte weiter, sie wurde auf Normalspur umgebaut und noch bis 25. Juli 1986 im Personenverkehr betrieben. *Foto: O. Blaschke*

Marbach–Heilbronn Süd (47,19 km)

Die nördlich von Ludwigsburg gelegene Strecke war auf der vollen Länge am 1. Dezember 1900 fertiggestellt und wurde als Bottwartalbahn bezeichnet, obwohl die Züge nicht nur durch das Weinbaugebiet an der Bottwar, sondern auch durch das Neckar-, das Murr- und das Schozachtal fuhren.

1923 und 1924 lieferte Henschel & Sohn die Nachbau-Lokomotiven fabrikneu an das Bahnbetriebswerk Heilbronn, das sie beim Lokomotivbahnhof Beilstein beheimatete. Sie lösten die bis dahin eingesetzten Mallet-Lokomotiven der Baureihe 99^{63} (ehemals württembergische Klasse Tssd) ab. Wie in Sachsen kamen die Personale mit den Fünfkupplern schnell zurecht, denn die waren wesentlich besser als die bisherige Gattung, was Leistung und Ausstattung betraf. Die Lasten konnten um bis zu 40 Prozent erhöht werden, Vorspanndienste entfielen.

Die Reichsbahndirektion Stuttgart erhielt von der Reichsbahndirektion Dresden alsbald weitere Maschinen der Baureihe 99^{64-71}, die, soweit man dort auf sie verzichten konnte, nach einer Ausbesserung im Reichsbahnausbesserungswerk den Lokomotivbahnhöfen Beilstein und Güglingen zugingen.

1943 wurden die Beilsteiner Lokomotiven 99 681, 683 und 698 der neuen Reichsverkehrs-

Auf mehrere Strecken kam die Lokomotive 99 650, zuerst 1918 nach Wilsdruff, 1924 zur Müglitztalbahn, von dort 1928 nach Ochsenhausen und zuletzt auf die Bottwartalbahn. Typisch für die württembergischen Maschinen war neben der Trichterkupplung auch die Druckluftbremse, ihr Hauptluftbehälter liegt quer auf dem vorderen Kupplungsträger. Mit einem stilreinen württembergischen Schmalspur-GmP steht die Lokomotive 1965 im Bahnhof Schozach. *Foto: J. Krantz*

Am 29. August 1960 rangiert die Lokomotive 99 671 in Beilstein. *Foto: Moll*

Nach der Untersuchung im Ausbesserungswerk Kaiserslautern (28.7.60) steht die Lokomotive 99 682 am 29. August 1960 in Beilstein zur Reserve. Am Kessel, unterhalb des Turbo-Generators ist die Leiter angebracht. *Foto: Moll*

Der Güterverkehr, insbesondere der Zuckerrübentransport, hielt die Bottwartalbahn bis 1969 am Leben. Üblicherweise wurden die Rübenzüge aus dem Bottwartal nach Heilbronn in die Zuckerfabrik gebracht, im Herbst 1966 ist die Lokomotive 99 651 bei Großbottwar jedoch in Richtung Marbach unterwegs. *Foto: J. Krantz*

Eng wurde es für die Züge in der Ortslage von Talheim, wo die Bottwartalbahn mitten durch das Dorf führte. 1966 zog die Lokomotive 99 651 einen Güterzug mit aufgebockten O-Wagen in Richtung Marbach. *Foto: J. Krantz*

direktion Kiew zugewiesen. Ihre Leistungen übernahmen die noch vorhandenen Lokomotiven 99 638 und 99 639 der ehemaligen Klasse Tssd. Aktiv in den fünfziger Jahren waren die Lokomotiven 99 680, 682 und 704. Die Lokomotiveinsätze gingen zurück, als der Fahrplan zunehmend ausgedünnt wurde. Dennoch wurde die Bottwartalbahn zur Sammelstelle aller in Württemberg noch vorhanden Maschinen der Baureihe 99^{64-71}.

1965 standen die Lokomotiven 99 671, 680, 701 und 716 schon außer Dienst, nur die vom »Öchsle« übernommenen Lokomotiven 99 650, 651 und 704 waren noch betriebsfähig. Mit der Gesamtstillegung der Strecke 1968 endete schließlich auch der VI K-Einsatz im Bottwartal, letzte Vertreterin war die Lokomotive 099 651-2.

Nagold–Altensteig (15,11 km, Meterspur)

Das im Nagoldtal geschlagene Holz war das wichtigste Argument für die erste schmalspurige württembergische Staatsbahn von Nagold nach Altensteig im Nordschwarzwald. Wegen der günstigen Trassierungsverhältnisse wählte man die Meterspur und verlegte die Trasse weitgehend in Seitenlage zur Straße. Die Schmalspurbahn lebte hauptsächlich vom Güterverkehr, und als neue Lokomotiven gebraucht wurden, ließ die Reichsbahndirektion Stuttgart bei der Maschinenfabrik Esslingen vier Maschinen bauen, die weitgehend der erfolgreichen Baureihe 99^{64-71} entsprachen. Die vier Lo-

Nur die Betriebsnummer verrät, daß die Lokomotive nicht zur Baureihe 99^{64-71} gehört. Diese Baureihe war für die Lokomotivbauer in Esslingen das Vorbild, als sich die Reichsbahndirektion Stuttgart eine gleiche Maschine für die Meterspurstrecke Nagold–Altensteig wünschte. 1967 steht die Lokomotive 99 193 im Schmalspurteil des Bahnhofs Nagold. *Foto: J. Krantz*

Die Strecke führte größtenteils parallel an der Straße entlang, daher trugen die Lokomotiven rot-weiße Markierungen, die den stets eiligen Autofahrern die Kanten der Lokomotive verdeutlichten. Bei herbstlichem Bilderbuchwetter ist die Lokomotive 99 193 bei Ebhausen auf dem Weg nach Nagold.
Foto: J. Krantz

komotiven der Bauart Eh2t erhielten die Betriebsnummern 99 191 bis 194 und kamen im April 1927 auf ihre Strecke. Weil während des Zweiten Weltkriegs die Deutsche Reichsbahn zwei Thüringer Lokomotiven nach Norwegen umsetzen mußte, wechselte die Lokomotive 99 191 nach Eisfeld und lief bis 1955 auf der Strecke nach Unterneubrunn. Danach gelangte sie zur Strecke Gera-Pforten–Wuitz-Mumsdorf, wo sie bis zur Einstellung 1970 blieb. Sie wurde erst 1975 im Reichsbahnausbesserungswerk Görlitz zerlegt. Die Lokomotive 99 194 kam 1944 zur Slawonischen Drautalbahn und von da nicht mehr zurück. 1959 wurde die Lokomotive 99 192 ausgemustert, die Lokomotive 99 193 blieb als letzte Vertreterin ihrer Stammstrecke treu. Sie schied 1967 aus dem Streckendienst. Die Museumsbahnvereinigung Eurovapor vermittelte sie an die Schweizer Touristenbahn Blonay–Chamby.

Lokomotiveinsatz in Württemberg

Betriebs-nummer 99 ...	Herkunft	Lokomotiv-bahnhof	Einsatzzeitraum	Bemerkungen
1. Zuführung:				
679	FA	Bei	1923 - 1956	Aushilfe auch im Lokomotivbahnhof Güglingen; 11/1956 in Güglingen außer Dienst
680	FA	Bei	1923 - 1965	Aushilfe auch im Lokomotivbahnhof Güglingen; 1964 - 1965 Abbaulokomotive in Güglingen
681	FA	Bei	1924 - 1943	1943 Abgabe »Ost« zur RVD Kiew
682	FA	Bei	1924 - 1964	Aushilfe auch im Lokomotivbahnhof Güglingen; 12/1964 in Güglingen außer Dienst;
683	FA	Bei	1925 - 1943	1943 Abgabe »Ost« zur RVD Kiew
2. Zuführung				
650	Hei	Ohs Bei	1928-1965 1965-1967	05/1967 in Beilstein außer Dienst
651	Hei	Ohs Bei	1928-1964 1964-1969	1969 für Güterzüge in Schussenried
671	Hei	Güg Bei	1938-1960 1960-1969	09/1969 in Beilstein außer Dienst
672	Hei	Güg Bei	1938-1960 1960-1969	09/1969 in Beilstein außer Dienst
698	Zi	Bei	1936-1943	1943 Abgabe »Ost« zur RVD Kiew
701	Zi	Güg Bei	1939-1964 1964-1967	05/1967 in Beilstein außer Dienst
704	Zi	Ohs Bei	1940-1954 1954-1967	05/1967 in Beilstein außer Dienst
716	Will	Bei Güg Bei Güg	1937-1938 1938-1942 1942-1964 1964-1968	1968-1996 Denkmal in Güglingen; seit 1997 betriebsfähig. In Ochsenhausen von 1993 an als Dauerleihgabe des Verkehrsmuseums Nürnberg

Bei	Beilstein	Ohs	Ochsenhausen
FA	Fabrikauslieferung	RVD	Reichsverkehrsdirektion
Güg	Güglingen	Wil	Wilsdruff
Hei	Heidenau	Zi	Zittau

Die »Rekonstruktion«

Umgangssprachlich wie auch in Veröffentlichungen wurden die Umbaumaßnahmen der Deutschen Reichsbahn an der Baureihe 99^{64-71} häufig als »Rekonstruktion« bezeichnet. In Wirklichkeit war damit eine Generalreparatur oder ein Umbau gemeint, nie jedoch der Rückbau in den ursprünglichen Zustand. Auch bei der Baureihe 99^{64-71} hieß es »Reko-Lokomotive«, als an deren Umbau gedacht war.

Den mittlerweile recht verschlissenen und reparaturanfälligen Maschinenpark wollte die Deutsche Reichsbahn durch Neubauteile aufwerten. Nicht nur die Kessel bedurften nach mehr als vierzig Betriebsjahren einer Erneuerung, auch Rahmen und Laufwerk mußten bei einigen Lokomotiven ersetzt werden, wenn sie noch einsatzfähig bleiben sollten. Da bereits Anfang der sechziger Jahre ersichtlich

So sahen die VI K nach dem Umbau aus: Lokomotive 99 1706 steht am 11. September 1971 in Wilsdruff. Lokomotiven, die noch lange im Betrieb stehen sollten, erhielten bei der Deutschen Reichsbahn ein Schild für die Betriebsnummer, nicht aufgemalte Ziffern. Noch fehlen Schilder am Führerhaus. Aber schon drei Jahre nach der Numerierung wurde diese Lokomotive abgestellt. *Foto: R. Preuß*

Kesselersatz und Umbau bei der Baureihe 99^{64-71}

Betriebs-nummer 99 ...	Schadstufe	Zeitraum des Einbaus im RAW Görlitz	Kesselhersteller	Kesselnummer RAW: ...
673	L3	22.4.65 - 31.7.65	Halberstadt	322
678	L3	6.4.65 - 18.8.65	Halberstadt	328
685	L4	16.9.63 - 25.1.64	Cottbus	12
692	L4	27.1.63 - 2.12.63	Cottbus	8
703	L4	12.7.63 - 23.12.63	Cottbus	11
713	L4	2.8.63 - 2.12.63	Cottbus	10
715	L4	12.8.63 - 2.12.63	Cottbus	9
Umbau-Lokomotiven:				
648	L5	17.8.65 - 28.12.65	Halberstadt	335
653	L5	24.5.65 - 28.9.65	Halberstadt	326
654	L5	18.3.65 - 11.6.65	Halberstadt	314
687	L5	6.8.65 - 3.11.65	Halberstadt	330
694	L5	27.3.65 - 30.7.65	Halberstadt	316
696	L5	12. 64 - 22.4.65	Halberstadt	313
706	L5	28.7.65 - 21.1.66	Halberstadt	344

Sämtliche Lokomotiven waren beim Bahnbetriebswerk Wilsdruff beheimatet.

war, daß nicht mehr alle 25 vorhandenen Lokomotiven dieser Baureihe auf Dauer notwendig waren, wurde der Maschinenbestand in drei Wertgruppen eingeteilt:

* Neu zu bekesselnde Fahrzeuge mit gut erhaltenem Laufwerk
* Fahrzeuge, die vollständig zu erneuern waren
* Fahrzeuge, die nach der nächsten Fristfälligkeit auf Verschleiß gefahren und auszumustern sind.

Zuerst begann die Neubekesselung im Reichsbahnausbesserungswerk Görlitz während einer Schadgruppenuntersuchung L 4. Dort erhielten fünf Maschinen einen neuen Kessel, die das Reichsbahnausbesserungswerk Cottbus herstellte. In zwei Maschinen wurde ein Kessel vom Reichsbahnausbesserungswerk Halberstadt eingebaut (siehe Tabelle).

Doch dies war lediglich ein Ersatz der verschlissenen Kessel, es bedeutete keine Aufwertung der Lokomotiven. Um das zu erreichen, war wie bei den Lokomotiven der Baureihe 99^{51-60} (ehemalige sächsische Gattung IV K) der Einbau wesentlicher neuer Teile notwendig. Innerhalb einer L-5-Schadgruppe wurden 1965 sieben Lokomotiven der Baureihe 99^{64-71} so umgebaut, daß beinahe neue Maschinen entstanden. Niemand ahnte, daß diese Fahrzeuge nur noch 8 Jahre im Betrieb blieben, ein teurer und unnötiger Umbau.

Mit dem Umbau wurden der Kessel, der Rahmen, das Laufwerk, die Wasserkästen, das Führerhaus sowie einige Zubehörteile ersetzt. Die Umbauteile waren aber das Wesentliche an der Lokomotive, so daß fast eine neue Maschine entstand, die der Baureihe 99^{77-79} sehr ähnelte, allerdings war die Ma-

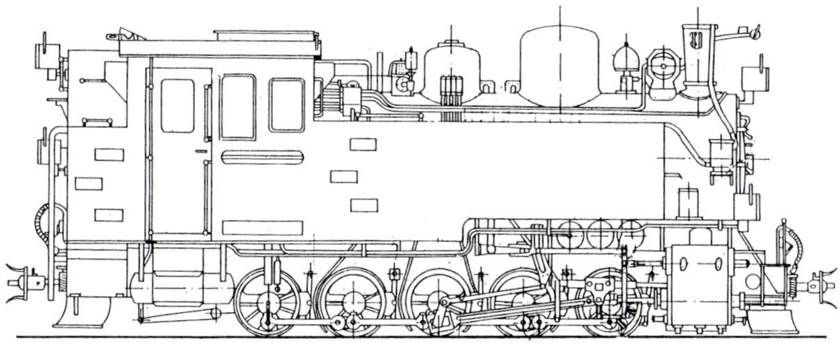

Umbau-Lokomotive der Baureihe 99^{64-71}, Länge über Kupplung 8990 mm.
Zeichnung (1:87): Jünemann

Ein neuer Kessel aus Halberstadt, vorgesehen für die Lokomotive 99 653 *Foto: Meyer*

Führerhaus und Rückfront der Lokomotive 99 1706 zeigen deutlich die durch den Umbau bewirkten Veränderungen. Zumindest das Führerhaus ist verbessert, es schützt das Personal mehr vor Witterungseinflüssen (Wilsdruff 1971)
Foto: R. Preuß

An den beiden Lokomotiven 99 1657 und 1653 ist gut sehen, daß nun der dritte Radsatz angetrieben wird, wozu die Lokomotiven einen anderen Antrieb erhielten (1971). *Foto: R. Preuß*

schine um 1,01 m kürzer (Länge über Kupplung). Auffällig gegenüber der bisherigen Konstruktion war der Vorratsbehälter für die Kohle, der nun nicht mehr die Schräge hatte. Der neue Führerstand bescherte dem Personal andere Fenster und schützte es besser vor widrigem Wetter. Die Armaturen glichen denen der Baureihe $99^{77\text{-}79}$. Die neuen Kessel waren geschweißt und in der bisher für die Lokomotiven dieser Baureihe verwendeten Art. Das Besondere des Umbaus war jedoch das neue Laufwerk. Es war so verändert worden, daß der Antrieb nicht mehr auf dem vierten Radsatz, sondern auf dem dritten lag, der zudem noch spurkranzlos ausgebildet war. Ohne die Kurvengängigkeit zu verschlechtern, konnten so der erste, dritte und fünfte Kuppelradsatz fest im Rahmen gelagert werden, der zweite und vierte ließ sich noch beidseitig 24 mm verschieben. Eine Rückstelleinrichtung war nun nicht mehr notwendig, da der Gesamtachsstand gleichzeitig der feste Achsstand war. Mit der Verlängerung des Rahmens lagen die Radsätze im Abstand von 1000 mm zueinander (vorher 930 mm).

Neu war die Druckluftbremse Bauart Knorr mit einer zweistufigen Luftpumpe. Diese Bremse wirkte nichtselbsttätig nur als Zusatzbremse und wurde vom Lokomotivführer bei Alleinfahrt und beim Rangieren benutzt. Die Einrichtungen für die Heberlein- und die Saugluftbremse verblieben weiterhin für die Zugfahrten. Die Lokomotive besaß zwei Bremszylinder, einen für Druckluft- und einen für Saugluftbremse. Da Druckluft vorhanden war, konnten damit auch der Sandstreuer und das Läutewerk betrieben werden.

Mit dem Umbau gab es noch weitere Veränderungen:

* Es wurde das Reglerhebelwerk Wagner NW 160, wie es bei den Maschinen der Baureihe $99^{73\text{-}76}$ benutzt wurde, anstelle des einfachen Reglerhebels eingebaut.

Ein Personenzug von Nossen nach Wilsdruff, gezogen von einer »Reko«-Lokomotive, rollt am 9. Oktober 1971 über die Muldebrücke bei Nossen. *Foto: Kluge*

* Die außenliegenden Dampfzylinder erhielten eine horizontale Lage. Somit konnte für beide Zylinder die gleiche Gießform verwendet werden, bei geneigten Zylinderebenen waren stets zwei verschiedene Zylinderblöcke notwendig. Die außenliegende Heusingersteuerung wurde beibehalten. Als Kuppelstangen wurden solche der Baureihe $99^{73\text{-}76}$ eingebaut.
* Die Bremse wirkte nun auf sämtliche Radsätze der Lokomotive.
* Als Pfeife wurde eine Tieftonpfeife der Einheitslokomotiven mit zwei Tonstärken eingebaut.

Im Betriebsbuch der Lokomotive 99 648 findet sich unter dem Datum 28.12.1965 eine knappe Beschreibung, in welchem Zustand die Lokomotive nach dem Umbau ausgeliefert wurde:

»Ausrüstung neu, 2 Dampfstrahlpumpen 120 l /min ‚genormt', Trofimoff-Schieber, kein Vorwärmer, kein Heißdampftemperaturmesser, Saugluftbremse ‚Körting' mit Zusatzbremse Druckluft, Heberlein-Handbremse, 1 zweistufige Luftpumpe ‚Berliner Bremsenwerk', 1 Doppelluftsauger Bauart ‚Körting', Schmiervorrichtung Bauart ‚Grützner' mit 8 Anschlüssen, Spurkranzschmierung ‚Heyder', Dampfheizanschluß vorn + hinten, elektrische Beleuchtung - Turbo, Druckluftläutewerk ‚Berliner Bremsenwerk' sowie Kuppelstangen wie 99 73-76, Kuppelstangenlager mit Nadel- statt mit Pilzschmierung, 3. Achse als Treibachse, Wasser- und Kohlenkästen neu und in Schweißausführung.«

Bei der Lokomotive 99 694 heißt es am 30.07.1968:

»Alle Schenkel und Zapfen erneuert, Rahmen erneuert, keine Rückstellvorrichtung eingebaut, Kolbenstange rechts + links, Kreuzkopfgleitplatten, Schieber, Steuerung zum Teil, Zylinder rechts + links, Schieberstangen, Stangenlager, Treib- und Kuppelstangen (wie 99 73-76), Luftpumpe, Pufferträger vorn + hinten, Umlaufbleche, Kohlen- und Wasserkästen (in Schweißausführung) erneuert,

Am 24. September 1971 hat die von Henschel stammende Lokomotive 99 1653 Oberdittmannsdorf erreicht. *Foto: Schindler*

Seit 1963 gehörte die Lokomotive 99 1694 zum Wilsdruffer Netz. Ihr Umbau 1965 sollte eigentlich die Lebensdauer wesentlich verlängern, doch erwies sich dies als ein teurer Irrtum, denn die Lok blieb nur noch 8 Jahre in Betrieb (Wilsdruff 1971). *Foto: R. Preuß*

Zug in Obergruna-Bieberstein mit einer Umbau-Lokomotive im Mai 1972. Ein Jahr später werden die Maschinen der Baureihe 99.64-71 nur noch für die Anschlüsse links im Bild und für die Lederfabrik Siebenlehn gebraucht. *Foto: Scheffler*

Schwingenstangen umgearbeitet sowie Stangenlager mit Nadel- statt Pilzschmierung, 2 Dampfstrahlpumpen genormt (,Strube') 120 l/min, kein Vorwärmer, Luftsaugbremse »Körting« mit Zusatzbremse Druckluft, zweistufige Luftpumpe Bauart ,Berliner Bremsenwerk', 1 Doppelluftsauger Bauart ,Körting', Druckluftsandstreuer, Schmiervorrichtung Bauart ,Grützner' (8 Anschlüsse), Druckluftläutewerk Bauart ,Berliner Bremsenwerk', Druckausgleichschieber Bauart ,Trofimoff', kein Luftsaugeventil, 3. Achse als Treibachse.«

Als erste Umbau-Lokomotive kam am 22. April 1965 die Lokomotive 99 696 nach Wilsdruff. Versuchsfahrten fanden wieder auf der Strecke nach Kurort Kipsdorf statt, und zwar mit der Lokomotive 99 654, nach denen noch Details, z. B. an der Federung, verbessert wurden.

Da die Lokomotiven über das Jahr 1970 hinaus im Einsatz waren, erhielten sie auch noch die EDV-gerechte Betriebsnummer der Deutschen Reichsbahn. Beispielsweise wurde aus der Nummer 99 692 die Betriebsnummer 99 1692.

Das Ende

Während bei der Deutschen Bundesbahn für die Lokomotiven der Baureihe 99^{64-71} schon Ende der sechziger Jahre das Aus kam, konnte die Deutsche Reichsbahn auf ihre Maschinen dieser Baureihe noch nicht verzichten, erst 1973/1974 stellte sie die letzten Maschinen außer Dienst.

Dampf adé in Württemberg

Die nach 1945 in Württemberg verbliebenen neun Maschinen der Baureihe 99^{64-71} erhielten gegenüber einem Großteil ihrer sächsischen Lokomotivschwestern keine Erneuerungen. Während die Lokomotive 99 679 bereits 1956 aus dem Betriebspark ausschied, erhielten die anderen Maschinen noch bis Ende der sechziger Jahre eine Gnadenfrist. Sie wurden überflüssig, als die Deutsche Bundesbahn 1964 die Zabergäubahn Lauffen–Leonbronn und 1968 den Abschnitt Marbach–Steinheim der Bottwartalbahn auf Normalspur umstellte und für die schmalspurigen Strecken neue Diesellokomotiven kaufte. Auf der Strecke Biberach–Ochsenhausen, deren Fahrplan schon in den fünfziger Jahren ausgedünnt war, verdrängten sie die Dampflo-

Altes Eisen: 1965 wurden die meisten der württembergischen Maschinen schon nicht mehr gebraucht. Nutzlos geworden standen unter anderem die Lokomotiven 99 701 und 99 682 mit kompletter Beschilderung und Beleuchtung abgestellt in Beilstein. *Foto: J. Krantz*

Die Lokomotive 99 704 wird nicht mehr gebraucht – Beilstein 1967. *Foto: Söffing*

komotiven nach der Einstellung des Personenverkehrs am 31. Mai 1964. Mit der Einstellung des Personenverkehrs entfiel auch die Notwendigkeit des Streckenabschnittes Warthausen–Biberach, in dessen Verlauf sich eine niveaugleiche Kreuzung mit der zweigleisigen Hauptbahn Ulm–Friedrichshafen befand. Die Umsetzanlage für Güterwagen lag in Warthausen, der Abschnitt nach Biberach wurde abgebaut. Die Diesellokomotiven schafften den Güterverkehr allein, so daß auf die letzte Dampflokomotive verzichtet werden konnte. Die Lokomotive 99 651 verließ das »Öchsle« am 22. Dezember 1964, die 99 650 am 19. Mai 1965. Beide Maschinen kamen zum Lokomotivbahnhof Beilstein (Bahnbetriebswerk Heilbronn).

Die letzten Württemberger der Baureihe $99^{64\text{-}71}$ dampften auf der Bottwartalbahn Marbach–Heilbronn bis Ende 1965. Das jährliche Güteraufkommen von 23 000 t – vor allem Zuckerrüben – reichte der Deutschen Bundesbahn für einen wirtschaftlichen Betrieb nicht aus. Während die Lokomotiven 99 671, 672, 680 und 701 bereits abgestellt waren, fuhren als letzte ihrer Art die Maschinen 99 650, 651 und 704. Die letzte betriebsfähige Lokomotive der ehemaligen Baureihe $99^{64\text{-}71}$ war schließlich die Lokomotive 099 651 (früher DR 99 651). Sie zog bei der Bottwartalbahn ihren letzten Zug am 16. Januar 1969 von Beilstein nach Heilbronn, in dem sich als Fahrzeug nach der arbeitenden Lokomotive die bereits ausgemusterte Lokomotive 99 704 befand. Schließlich leistete die Lokomotive noch Dienst auf der Federseebahn, der da am 31. Mai 1969 zu Ende ging. Als Lokomotive für den Streckenabbau stand sie nahe Heilbronn Süd letztmalig am 25. Juli 1969 unter Dampf und ersetzte die dafür vorgesehene Diesellokomotive V 51 901, die schadhaft geworden war.

Letzte Fahrten in Sachsen

Von 1960 an waren Lokomotiven der Baureihe $99^{64\text{-}71}$ nur noch beim Bahnbetriebswerk Wilsdruff beheimatet, das seine noch 23 betriebsfähigen Lokomotiven auf die Strecken des Wilsdruffer Netzes und die Strecke Radebeul Ost–Radeburg schickte. Geplant war, den Lokomotivbestand bis zum Jahre 1970 auf 7 »rekonstruierte« und 6 neubekesselte Lokomotiven zu reduzieren.

Nicht allein weil der Bedarf zurückging, brauchte man weniger Maschinen der Baureihe $99^{64\text{-}71}$, sondern auch, weil die Deutsche Reichsbahn Lokomotiven der neuen Baureihe $99^{77\text{-}79}$ vom VEB Lo-

Deutsche Reichsbahn
Reichsbahnausbesserungswerk
"Deutsch-Sowjetische Freundschaft"
Görlitz

Görlitz, am 24.11.67

P r o t o k o l l

<u>über die Zerlegung von Dampflokomotiven</u>

Die mit Ausmusterungsprotokoll Nr. 430/67

zur Zerlegung freigegebene Lokomotive Nr. 99-688

(750 ~~1000~~ mm Spurweite) mit Kessel-Nr. 2324

wurde am 22.11.67 vollständig zerlegt.

Alle vorhandenen Unterlagen dieser Lokomotive werden zum weiteren Verbleib in der Rbd als Anlage beigefügt.

Wir bitten Sie, obige Lokomotive aus dem Bestand der Deutschen Reichsbahn abzusetzen und das RAW "DSF" Görlitz davon in Kenntnis zu setzen.

Rbd Dresden
Bw Wilsdruff

<u>Anlagen</u>

Z e i d l e r
Rb.-Oberinspektor
Schrottbeauftragter

S c h i n d l e r
Reichsbahn-Oberrat
Werkdirektor

91/30/65/PV 3

Das einfache Protokoll von 1967 zeigte der Reichsbahndirektion Dresden und dem Bahnbetriebswerk Wilsdruff an, daß es keine Lokomotive 99 688 mehr gibt.

99 1685, eine Original-VI K, wurde 1971 in Wilsdruff abgestellt und 1974 zerlegt (1971). *Foto: R. Preuß*

Die erste abgestellte Maschine der Baureihe 99^{64-71} bei der Deutschen Reichsbahn: Lokomotive 99 697 in Radebeul Ost (1967). *Foto: Scheffler*

komotivbau »Karl Marx« Babelsberg beschaffte, die zuerst die alten Maschinen vom Thumer Netz verdrängten, dort wegen Streckenreduzierung teilweise frei wurden und schneller als gedacht die Zugleistungen auf der Strecke Radebeul Ost–Radeburg übernahmen. Beim Wilsdruff-Netz war zwischen Meißen und Wilsdruff 1966 der Personen- und 1968 der noch verbliebene Güterverkehr zu Ende gegangen. Den Bemühungen der Reichsbahndirektion Dresden, den Streckenast Oberdittmannsdorf–Klingenberg-Colmnitz–Frauenstein stillzulegen, kam der Unfall vom 20. Oktober 1971

Vorname

Nachname

Straße

PLZ, Ort

Beruf

Geburtsdatum

Bitte schicken Sie mir **gratis** Ihren Prospekt mit allen lieferbaren Titeln zum Thema:

- ☐ Auto
- ☐ Motorrad
- ☐ Eisenbahn
- ☐ Luftfahrt
- ☐ Waffen
- ☐ Zeitgeschichte
- ☐ Maritim
- ☐ Reisen/Survival/Sport
- ☐ Fahrrad
- ☐ Pferde
- ☐ Hunde/Katzen
- ☐ Essen/Trinken
- ☐ Angeln/Tauchen

Bitte ausreichend frankieren

Antwortkarte

Paul Pietsch Verlage
Abteilung Kunden-Service
Postfach 10 37 43

70032 Stuttgart

Freital-Potschappel im Mai 1972. Die Lokomotiven 99 685, 692 und 684 warten auf ihr Ende. Lange währte das Freiluft-Idyll nicht, denn die Öffentlichkeit sah in den abgestellten Maschinen nur Schrott und eine verschandelte Landschaft, so daß die Maschinen bald zerlegt wurden (1972). *Foto: Scheffler*

entgegen (siehe Abschnitt Unfälle). Ohne Widerstand ließ sich auf dieser Strecke der Zugverkehr einstellen.

Dennoch blieb Wilsdruff eine Domäne der Baureihe 99^{64-71}. Zu Beginn des Jahres 1972 hatte Wilsdruff immerhin noch 10 betriebsfähige Lokomotiven. Ende Januar wurde der Güterverkehr zwischen Freital-Potschappel und Wilsdruff und von da nach Mohorn eingestellt, die Lokomotiven verloren einen wesentlichen Teil der Leistungen. Die Reichsbahndirektion Dresden verfügte, auf der vom Wilsdruffer Netz noch vorhandenen Strecke Wilsdruff–Nossen den Personenverkehr zum 28. Mai 1972 einzustellen. Damit verlor die Stadt Wilsdruff den letzten Rest vom Eisenbahnbetrieb. Es wurde ruhig auf dem Bahnhof Wilsdruff. Was den Lokomotiven der Baureihe 99^{64-71} blieb, das war der Bedarfs-Güterverkehr zwischen Nossen und Obergruna-Biberstein (6,3 km). In der zentralgeleiteten DDR durfte ein Betrieb nicht einfach von der Eisenbahn abgehängt werden, denn Lastkraftwagen gab es nur auf Zuteilung als Plankennziffer. In Obergruna-Bieberstein besaßen fünf Werke einen Bahnanschluß, darunter eine Papierfabrik, ein Kohlehändler und die Bäuerliche Handelsgenossenschaft. Monatlich gingen 150 Normalspurwagen auf Rollwagen in den Versand. Bei den Anschließern waren die Voraussetzungen für den Verkehrsträgerwechsel noch nicht gegeben, so daß noch eine Lokomotive etwas zu tun hatte. Vier Maschinen (99 1653, 1654, 1687 und 1694) standen in Bereitschaft. Am 31. März 1973 fand die letzte Bedienung der Anschlüsse statt. Nun gab es nur noch den Anschluß zur Lederfabrik Siebenlehn, der bis 3. Dezember 1973 dreimal wöchentlich zu bedienen war. An diesem Tag ging schließlich der letzte Streckenabschnitt des einstigen Wilsdruffer Netzes außer Betrieb. Ohne Öffentlichkeit, fast unbemerkt, war die Baureihe 99^{64-71} aus dem Bild der Eisenbahn verschwunden.

Als Heizlokomotive verblieb die Lokomotive 99 1714 (99 714) beim einstigen Bahnbetriebswerk Wilsdruff, vom 1. Februar 1976 an »Aufarbeitungswerkstätte Wilsdruff« für Kleinteile, die anderen Lokomotiven wurden in Freital-Potschappel abgestellt. Doch auf ewig wurden sie da nicht geduldet. Ein Fernschreiben der Reichsbahndirektion Dresden M-Tu 7 an das Raw Cottbus/Wt Görlitz vom 06.09.74 verrät:

»Betr. Zerlegung von Dampflok. Wie auf Zuführungsabsprache bereits mitgeteilt, sind wir nicht in der Lage, Schmalspurlok nach Brandenburg zu fahren. Grund: Verladung auf Tiefladewagen mit Kran in Freital-Potschappel nicht möglich, da gesamter Bahnhof elektrisch überspannt ist. Verladung auf Schmalspurtransportwagen kann ebenfalls nicht erfolgen, da diese für innerbetrieblichen Transport und für Fahrten ins Raw benötigt werden. Bitten deshalb um Zustimmung, 4 Tfz durch Rbd-Zerlegebrigade und den Rest 4 Tfz durch Raw Görlitz zerlegen zu lassen. Durch öffentliche Kritik in der Presse muß der Bahnhof Freital-Potschappel kurzfristig geräumt werden. Mit allen Beteiligten wurde vereinbart, die ersten 4 Lok in der Zeit vom 30.09. bis 10.10.74 nach Bf. Dresden-Altstadt (Zerlegestelle) zu transportieren, der Rest bis 30.1.74 nach Görlitz, Termine müssen unbedingt eingehalten werden.«

Die Kreisstadt Freital gehörte in den letzten Jahren der DDR zu den Städten mit dem größten Verfall. Darüber zu diskutieren, wagte kaum jemand, denn das galt als Kritik am System und hatte strafrechtliche Konsequenzen. So schlug man auf den Sack und meinte den Esel. Nicht selten gerieten die

Ausgedient: Zwei Achsen der Lokomotive 99 714 waren noch im Juni 1992 in Wilsdruff zu finden. *Foto: Scheffler*

Noch hat die Lokomotive 99 1653 in Nossen für die Anschlüsse in Obergruna-Bieberstein und Siebenlehn zu fahren. Als Reserve steht am 30. März 1973 die Lokomotive 99 1654 kalt auf dem Abstellgleis. *Foto: Rammelt*

Bahnanlagen der Deutschen Reichsbahn in die Kritik, und ganz schlimm war es, wenn kalte Lokomotiven auf dem Rand standen, von der Bevölkerung als zu verwertender Schrott abgetan. Hier sollten die Lokomotiven 99 1684, 1685, 1692, 1703 und 1706 schnell in den Schmelzofen. Sie wurden auch bald zerlegt, die in Wilsdruff verbliebene 99 1714 nach ihrer Heiztätigkeit im April 1976 an Ort und Stelle.

Verschollen und verloren

Wenig bekannt ist, daß im Zweiten Weltkrieg neben den Normalspur-Lokomotiven auch schmalspurige zu Kriegseinsätzen in fremden Gebieten herangezogen wurden und meist von da nicht mehr zurück kamen. Bis 1942 bedienten die Bahnbetriebswerke den »Einsatzbereich Ost« mit Lokomotiv-Leihgaben. Mit Gründung der Reichsverkehrsdirektionen Riga und Kiew ordneten diese die Fahrzeugabgaben einfach an. Das Ausbesserungswerk stattete die Maschinen mit sogenanntem Frostschutz aus, indem die Luftpumpe und Kesselspeiseventile einen Frostschutzkasten erhielten und der Friedmann-Injektor unter dem Führerhaus vor Kälte isoliert wurde.

Bei Kriegsende verblieb die Lokomotive 99 702 in Fr″dlant v Č (Friedland in Böhmen) und kam nicht mehr zur Deutschen Reichsbahn zurück. Die Maschine war die stärkste im Betriebspark der Schmalspur-Lokomotiven bei den Tschechoslowakischen Staatsbahnen, die den Einzelgänger mit U 58 001 bezeichneten (Fr″dlant 1956). *Foto: Hruπka*

Von der Gmünder Schmalspurbahn ging die ÖBB 99.643 (vorher DR 99 643) in die UdSSR. Noch auf österreichischem Boden war – vermutlich von den Besatzern – der Betriebsnummer ein T vorgesetzt worden, das die Maschine als »Trophäe« kennzeichnete. Das Führerhaus zeigte das Eigentumsmerkmal der sowjetischen Staatsbahn. *Foto: Hajek*

Betroffen waren die sächsischen Schmalspurstrecken durch Abgaben bei den Baureihen 99^{51-60}, 99^{64-71} und 99^{73-76}. Auch die Reichsbahndirektion Stuttgart blieb nicht verschont und mußte die Lokomotiven 99 681, 683 und 698 nach Osten schicken. Während die zum »Einsatzbereich Ost« verliehenen Fahrzeuge nach Ablauf ihrer Fremdhilfe, abgesehen von Ausnahmen, wieder zu ihrer Heimatstation zurückkehrten, blieben die von 1943 an auf Anordnungsverfügung entnommenen Maschinen im Trubel der Kriegsereignisse meist verschollen. Entweder wurden sie bei den Kriegshandlungen unbrauchbar beschädigt oder sie mußten angesichts des nachrückenden Gegners im Stich gelassen werden. So wurde ein Großteil der Osteinsatzfahrzeuge zur Beute der Roten Armee.

Andere Lokomotiven in der Heimat verfielen nach der deutschen Kapitulation der Reparationsabgabe an die UdSSR. Die Baureihe 99^{64-71} betraf das mit 11 Maschinen aus Sachsen. In der sowjetischen Besatzungszone und in der DDR war das lange Zeit ein Tabuthema; es durfte nur allgemein behandelt werden, und der Lokomotivstatistiker tat gut daran, einzelnen Lokomotiven nicht nachzuforschen, so daß der Verbleib solcher Maschinen in der Fremde entweder unbekannt blieb oder erst sehr spät bekannt wurde. Der Lauf der Zeit tat ein übriges, daß sich immer weniger für dieses Thema und die betroffenen Fahrzeuge interessierte. Den zähen Bemühungen des Berliners Helmut Pochadt ist es zu verdanken, daß von 1988 an ein Teil des Informationsbedarfs gestillt werden konnte.

So wurde bekannt, daß die 1946 in die UdSSR abgefahrenen Lokomotiven 99 641, 645, 652,

691, 700, 708, 711 und 717 dem im Ural stehenden Metallurgischen Kombinat Beloretzk mit eigenem Schmalspurnetz und hohem Fahrzeugbedarf zugeführt wurden, wo sie tatsächlich zum Betriebseinsatz kamen.

Im Zeitraum von 1949 bis 1953 wurden die Maschinen umgebaut. Sie erhielten neue Rahmen, Zylinderblöcke und einen dreiachsigen Schlepptender, so daß aus der Bauart Eh2 somit die Bauart Eh2 + T3 wurde. Alle Dampflokomotiven wurden zwischen 1967 und 1975 ausgemustert und verschrottet. Die Werkbahn fuhr nur noch mit Diesellokomotiven, 1985 hatte sie 48 im Bestand.

Nachforschungen ergaben, daß 1946 die Lokomotive 99 683 zur Staatsbahn nach Moskau kam und die Lokomotive 99 683 bei der im Bereich Lwow (Lemberg) gelegenen Waldbahn Kovel als Tu 683 fuhr.

Dieses Thema sollte keinen Abschluß finden, und wer über weitere Informationen verfügt, sollte sie bekanntmachen.

Das Schicksal der Lokomotive 99 702, die zu den Tschechoslowakischen Staatsbahnen (ČSD) kam, ist bekannt. Die Lokomotive war von 1938 an beim Bahnbetriebswerk Zittau beheimatet und fuhr hauptsächlich nach Kurort Oybin und Kurort Jonsdorf, mitunter auch von Zittau nach Reichenau und über den einstigen Grenzbahnhof Hermsdorf i. B. bis nach Friedland (Fr˝dlant), das sich im 1938 an Deutschland angegliederten Gebiet befand. Zu Kriegsende verblieb die Strecke von der Zittauer Neißebrücke bis kurz vor dem Bahnhof Hermsdorf i. B. auf polnisch besetztem Gebiet, der angrenzende, einst zur Friedländer Bezirksbahn gehörende Abschnitt kam an die ČSD. Als die Lokomotive 99 702 im Mai 1945 die deutschen Fahrzeuge nach Zittau fahren sollte, entgleiste die Lokomotive nahe Fr˝dlant. Die ČSD behielten sie als Pfand für die bei der Deutschen Reichsbahn verbliebene Lokomotive U 37 007 (bei der DR 99 791), die zur Friedländer Bezirksbahn gehört hatte und die durch Fliegerbeschuß schadhaft im Reichsbahnausbesserungswerk Chemnitz stand. Zur Rückgabe dieser Lokomotive oder zu einem Austausch kam es aber nicht.

Zunächst wurde die Lokomotive 99 702 in Fr˝dlant abgestellt. Erst im September 1948 übernahm man den Einzelgänger in das Ausbesserungswerk Nymburk, wo sie bei einer Hauptuntersuchung eine Druckluftbremse erhielt. Die ČSD setzten sie danach als U 58.001 auf der Strecke Fr˝dlant v Č.– Hermanice (früher Hermsdorf i. B.) ein. Als größte und stärkste Schmalspur-Dampflokomotive der ČSD fuhr sie vorrangig die Güterzüge. Ohne Spurveränderungen wechselte sie auf die Strecke Tremeπná–Osoblaha (früher Rövershagen–Hotzenplotz) mit 760 mm Spurweite. Als dort Diesellokomotiven eingesetzt wurden, kam die Lokomotive wieder nach Fr˝dlant zurück und blieb Reservemaschine. Zuletzt fuhr sie im Januar 1963, wurde abgestellt und 1966 zerlegt. Bereits 1963 war ihr der 1926 hergestellte Kessel entnommen worden, den die Straßenbauverwaltung im slowakischen Koπice erwarb.

Das Kriegs-Schicksal der Lokomotiven aus der Baureihe 99^{64-71} zeigt die Aufzählung in der Tabelle auf der rechten Seite.

Die zum Bahnbetriebswerk Lublin verpflichteten Maschinen fuhren auf einem 52 km langen Streckenbereich westlich von Lublin, und zwar zwischen den Endbahnhöfen Nalezów und Opole sowie Karczmiska und Wilkow. Auf beiden Strecken waren von 1940 bis 1944 stets Lokomotiven der Baureihe 99^{64-71} eingesetzt. Sie kehrten alle unversehrt zurück. Die Strecken schlummern heute im Dornröschenschlaf, bis auf den 34 km langen Abschnitt Naleczów–Opole, dort gibt es an Sonn- und Feiertagen Museumsbetrieb. Der Güterverkehr war 1997 eingestellt worden.

Beim Bahnbetriebswerk Gozdow war zumindest eine Lokomotive der Baureihe 99^{64-71} eingesetzt. Es gehört zur früheren Hrubieszówskaer Schmalspurbahn, die nahe an der polnisch-ukrainischen Grenze lag und die bis nach Uhnov führte. Die Bahn wurde 1990 stillgelegt, ein 12 km langer Rest der Strecke steht unter Denkmalschutz, obwohl der Gleiszustand einen Fahrbetrieb nicht mehr zuläßt. Beim Bahnbetriebswerk Gozdow fuhr 1941 die Lokomotive 99 712. Eventuell waren noch weitere Lokomotiven der Baureihe 99^{64-71} in Gozdow.

99 641	Von Wilsdruff 1946 als Reparation nach Beloretzk (Ural). 1950 Umbau zur Schlepptenderlokomotive und als Reihe K 55 eingesetzt. Nach 1970 zerlegt.
99 643	Von Wilsdruff im Juli 1944 zur Reichsbahndirektion Linz (Strecke Kühnsdorf - Eisenkappel) abgegeben. Vom 28.8.1944 an in Gmünd (Waldviertelbahn) eingesetzt und am 24.12.1948 in die UdSSR umgesetzt.
99 644	Von Wilsdruff im August 1940 als Leihgabe zum Bahnbetriebswerk Lublin (Naleczów - Opole Lub.). Lokomotive kehrte im Juni 1942 wieder zur Einsatzstelle Wilsdruff zurück.
99 645	Von Wilsdruff 1942 als Leihgabe zum Bahnbetriebswerk Lublin (Naleczów - Opole Lub.). 1944 zurückgekehrt. 1946 als Reparation nach Beloretzk (Ural) und nach Umbau zur Schlepptenderlokomotive und als Reihe K 55 eingesetzt. Nach 1970 zerlegt.
99 647	wie Lokomotive 99 643
99 648	Am 1. Juli 1940 als Leihgabe zum Bahnbetriebswerk Lublin (Naleczów - Opole Lub.). Lokomotive kehrte im Juli 1942 wieder zur Einsatzstelle Wilsdruff zurück.
99 649	Von Wilsdruff zum Reichsbahnausbesserungswerk Chemnitz und von da mit Frostschutzeinrichtung im Dezember 1942 zum »Einsatz Ost«. Einsatzgebiet unbekannt. Verschollen.
99 652	Von Wilsdruff 1946 als Reparation nach Beloretzk (Ural). 1950 Umbau zur Schlepptenderlokomotive und als Reihe K 55 eingesetzt. Nach 1970 zerlegt.
99 653	Vom 29.12.1940 bis April 1943 als Leihgabe beim Bahnbetriebswerk Lublin. Lokomotive kehrte wieder zur Einsatzstelle Wilsdruff zurück.
99 673	Erhielt Frostschutzeinrichtung. »Abgabe Ost« (unbekanntes Ziel) vom April 1943 bis April 1944. Anschließend wieder in Wilsdruff.
99 676	Vom Lokomotivbahnhof Mohorn 1943 zum Osteinsatz (Reichsverkehrsdirektion Kiew). Bei der Rückführung im Schwarzen Meer versenkt.
99 677	Mit Frostschutzeinrichtung versehen und am 4. März 1943 von Wilsdruff aus zum Einsatz nach Lublin und am 27.12.1943 wieder zurück. Dienst in der Heimat, am 3.9.1944 zur ehemaligen Westpreußischen Kleinbahn (Bahnbetriebswerk Danzig) abgefahren. Nach nicht geklärtem Einsatz verschollen.
99 681	Vom Lokomotivbahnhof Beilstein 1943 auf Anordnung der Reichsverkehrsdirektion Kiew abgegeben und verschollen.
99 683	Vom Lokomotivbahnhof Beilstein 1943 zur Reichsverkehrsdirektion Kiew. Einsatz in Moskau, 1947 als Tu 683 bei der Waldbahn Kovel. 1949 an eine weitere, unbekannte Waldbahn verkauft.
99 690	Vom Lokomotivbahnhof Radeburg 1946 als Reparationsabgabe in die UdSSR. Einsatz unbekannt; verschollen.
99 691	Vom Lokomotivbahnhof Radeburg 1946 als Reparation nach Beloretzk (Ural). 1950 Umbau zur Schlepptenderlokomotive und als Reihe K 55 eingesetzt. Nach 1970 zerlegt.
99 695	Von Wilsdruff im September 1944 auf kurzfristige Anordnung der Reichsverkehrsdirektion Riga. Kriegsverlust.
99 698	Von Beilstein1944 zur Reichsverkehrsdirektion Kiew. Kriegsverlust.
99 700	Vom Bahnbetriebswerk Zittau bereits im August 1945 als Reparationsabgabe in die UdSSR nach Beloretzk (Ural). 1950 Umbau zur Schlepptenderlokomotive und als Reihe K 55 eingesetzt. Nach 1970 zerlegt.
99 702	In der Tschechoslowakei verblieben (siehe im Text zuvor).
99 706	Von Thum aus zum »Einsatz Ost« vom 1.2.1943 bis 4.5.1944 und danach in Wilsdruff.
99 707	Von Thum aus Reparationsabgabe in die UdSSR. Verschollen.
99 708	Von Wilsdruff aus 1946 als Reparation nach Beloretzk (Ural). 1950 Umbau zur Schlepptenderlokomotive und als Reihe K 55 eingesetzt. Nach 1970 zerlegt.
99 709	Von Thum aus zur Ausrüstung mit Frostschutz in das Reichsbahnausbesserungswerk Chemnitz und am 2. März 1943 zur Reichsverkehrsdirektion Kiew. Am 1.10.1946 als Tu 709 bei der Moskauer Eisenbahnverwaltung geführt.
99 710	Von Wilsdruff aus Reparationsabgabe in die UdSSR. 1946 bis 1965 bei der Torfbahn Tassin Bor (östlich von Moskau) eingesetzt und 1967 zerlegt.
99 711	Vom Bahnbetriebswerk Zittau 1946 als Reparation nach Beloretzk (Ural). 1950 Umbau zur Schlepptenderlokomotive und als Reihe K 55 eingesetzt. Nach 1970 zerlegt.
99 712	Von Thum aus im Januar 1941 zum Bahnbetriebswerk Gozdow (Hrubieszówskaer Schmalspurbahnen). Kriegsverlust.
99 717	Von Wilsdruff aus 1946 als Reparation nach Beloretzk (Ural). 1950 Umbau zur Schlepptenderlokomotive und als Reihe K 55 eingesetzt. Nach 1970 zerlegt.

Ein Blick in die Betriebsbücher

Für jede einzelne Lokomotive muß ein Betriebsbuch geführt werden, in dem Herstellerangaben, Genehmigungs- und Abnahmeunterlagen, technische Abmessungen, Laufleistungen, Einsatzorte, Untersuchungs- und Ausbesserungsdaten, Bauartänderungen und evtl. Kesseltausche dokumentiert sind.

Deutlich ist der laufende Wechsel der Lokomotiven zwischen ihrem von einem Bahnbetriebswerk zugeteilten Zugeinsätzen und den Untersuchungsaufenthalten in einem Ausbesserungswerk zu erkennen. Manche gesetzliche Untersuchung durfte auch das Bahnbetriebswerk vornehmen, wenn Fachpersonal dazu befähigt und Geräte vorhanden

Dienstausteiler von 1940 für die Lokomotivstation Mohorn, Originalgröße A 3. Die Zahlen unter den Kalendertagen legen den Diensteinsatz und die Ruhe für Führer und Heizer fest.

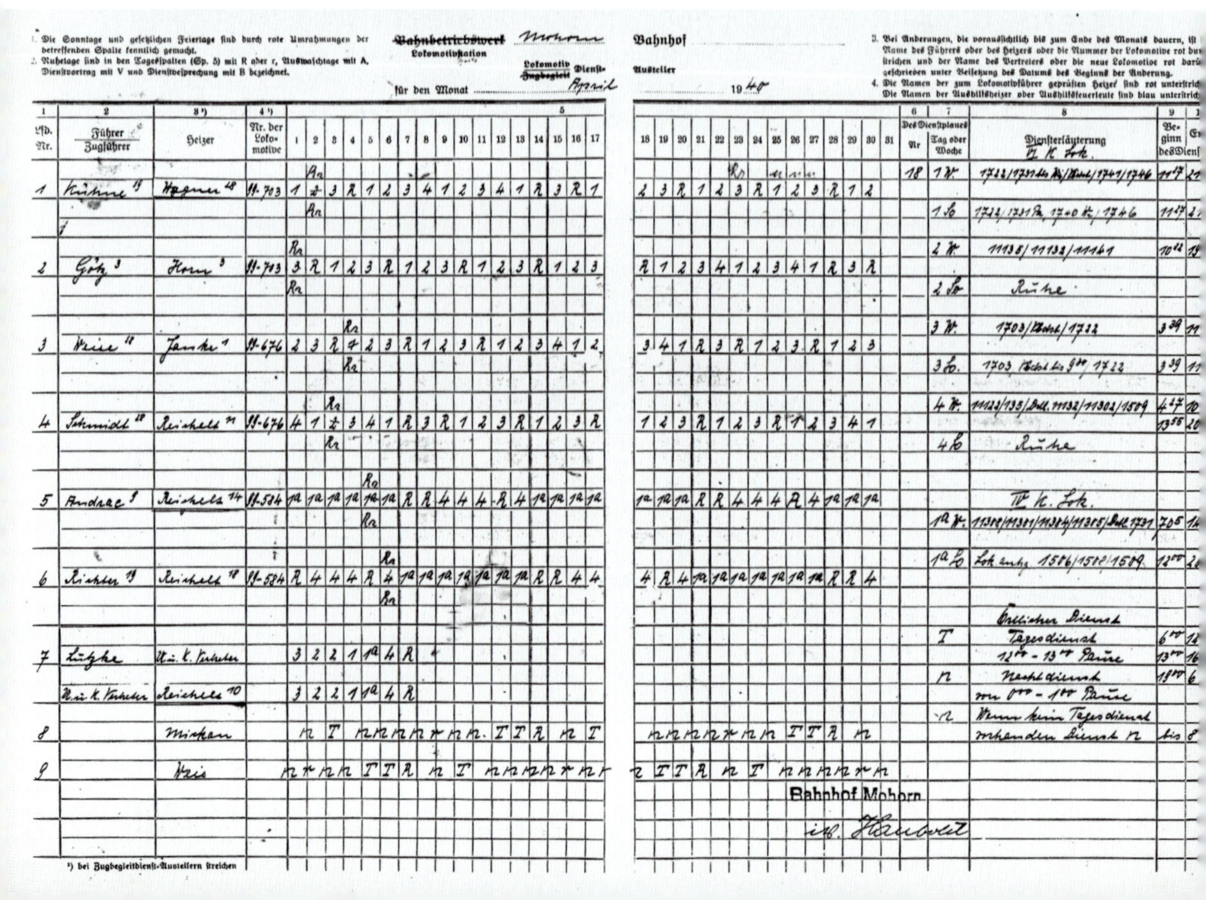
1. Die Sonntage und gesetzlichen Feiertage sind durch rote Umrahmungen der betreffenden Spalte kenntlich gemacht.
2. Ruhetage sind in den Tagesspalten (Sp. 5) mit R oder r, Auswaschtage mit A, Dienstvortrag mit V und Dienstbesprechung mit B bezeichnet.

~~Bahnbetriebswerk~~ Mohorn Lokomotivstation

Bahnhof

Lokomotiv ~~Zugbegleit~~ Dienst-Austeiler

für den Monat April 1940

3. Bei Änderungen, die voraussichtlich bis zum Ende des Monats dauern, ist Name des Führers oder des Heizers oder die Nummer der Lokomotive rot durstrichen und der Name des Vertreters oder die neue Lokomotive rot darüber geschrieben unter Beisetzung des Datums des Beginns der Änderung.
4. Die Namen der zum Lokomotivführer geprüften Heizer sind rot unterstrich. Die Namen der Aushilfsheizer oder Aushilfsfeuerleute sind blau unterstrich.

1 Lfd. Nr.	2 Führer / Zugführer	3 Heizer	4 Nr. der Lokomotive	5 Tage 1–31	6 Des Dienstplanes Nr	7 Tag oder Woche	8 Diensterläuterung	9 Beginn des Dienst

Bahnhof Mohorn

¹) bei Zugbegleitdienst-Austeilern streichen

Untersuchungsfristen und Schadgruppen

Seit jeher hat der Gesetzgeber für Eisenbahnfahrzeuge strenge Vorschriften vorgegeben, was die Instandhaltung, Kontrolle der Verschleißteile und technische Zuverlässigkeit betrifft. In der Eisenbahn- Bau- und Betriebsordnung heißt es: »Lokomotiven, Tender und Triebwagen müssen mindestens alle 5 Jahre einer Hauptuntersuchung, alle 3 Jahre einer Zwischenuntersuchung unterzogen werden. Die Hauptuntersuchungen müssen sich auf alle Teile erstrecken. Bei der Untersuchung der Fahrgestelle und Triebwerke müssen die Lager und Federn abgenommen und die Achsen herausgenommen werden. Der Rahmen ist durch Abnehmen des Kessels zur Untersuchung freizulegen. Die Dampfkessel sind nach der Entfernung der Heiz- und Rauchrohre auch im Inneren zu untersuchen.

Die Zwischenuntersuchungen umfassen die Untersuchung der Fahrgestelle und Triebwerke mit allen Nebenteilen sowie der Dampfkessel ..., wobei jedoch im allgemeinen ein Freilegen des Rahmens sowie der Ausbau der Heiz- und Rauchrohre mit Abnahme der Kesselbekleidung entfallen können.«

»Die Fristen für die Untersuchung der Lokomotiven, Tender und Triebwagen sind vom Tage der Inbetriebnahme nach beendeter Untersuchung bis zum Tage der Außerdienststellung zum Zwecke der nächsten Untersuchung zu rechnen.«

Die Deutsche Reichsbahn-Gesellschaft hatte, um den gesetzlichen Auflagen zu genügen, Schadgruppen gebildet, nach denen sich richtet, was auszubessern und was zu untersuchen ist. Bei Dampflokomotiven (L stand für Dampflokomotive) galt:

Schadgruppe	Instandsetzungsart	Befugt
L 0	Bedarfsausbesserung	Bw, Aw
L 1	Betriebsausbesserung	Bw
L 2	Zwischenausbesserung	Aw, Bw[1]
L 3	Zwischenuntersuchung	Aw
L 4	Hauptuntersuchung	Aw
L 5	Sonderausbesserung[2]	Aw

Aw (Reichsbahn-)Ausbesserungswerk
Bw Bahnbetriebswerk

[1] wenn Einrichtungen und Fachkräfte vorhanden
[2] auch Umbauten, Ersatzinvestitionen

Während sich die L 2 nach der Laufleistung des Fahrzeugs richtete, bestimmten die gesetzlichen Fristen, wann eine L 3 und L 4 stattfand.

Etwa von 1973 differenzierte die Deutsche Reichsbahn die Schadgruppen, so daß die Schadgruppen bis L 7 reichten. Die Zwischenausbesserung L 2 wurde zur L 5, bei der L 7 fand die Hauptuntersuchung statt.

Quellen: [8], [9]

waren. Besonders in den Nachkriegsjahren ist auffällig, daß manche Lokomotive für eine Ausbesserung nicht zum Reichsbahnausbesserungswerk kam, sondern in ein weit entferntes Bahnbetriebswerk, z. B. nach Schwarzenberg (Erzgeb). Die Gründe dafür mögen in der Überlastung der Ausbesserungswerke zu suchen sein, die unter den Kriegseinwirkungen litten und sich zudem mit einer Vielzahl von Splittergattungen zu beschäftigen hatten.

Leider hat es bei der Führung der Betriebsbücher manchmal an der notwendigen Sorgfalt gefehlt, so daß wiederum in den Nachkriegsjahren genaue Datierungen bei den Standorten unterblieben sind. Wegen des großen Umfangs werden Einträge in das Betriebsbuch nur auszugsweise dargestellt, weitere Angaben finden sich an anderen Orten wieder, z. B. bei der Gesamtstatistik.

Die Beschränkung auf vier Lokomotiven in der Tabelle dürfte genügen, weil der Wechsel zwischen den Einsatzorten beispielhaft für die gesamte Baureihe 99^{64-71} gelten kann.

Bei den Bauartänderungen wurde der Text – auch wenn er fehlerhaft ist – wörtlich wiedergegeben.

Deutsche Reichsbahn-Gesellschaft

Betriebsbuch
für die Dampflokomotive

Betriebsnummer 99699.

Bauartreihe K 55,9 S.-Lz. VI K. 99⁶-99⁷

Fabriknummer 2326

gebaut von Fa. Maschinenbaugesellschaft Karlsruhe

in Karlsruhe im Jahre 1925

Tag der Anlieferung 10.11.1925 Tag der Endabnahme 16.3.1926

Beschaffungskosten der Lokomotive mit Ausrüstung (ohne Tender) .... RM

Vertrag ....

Beschaffungsstelle Reichs-Bahn-Direktion, Dresden.

Urheberfirma Deutsche Reichsbahn-Gesellschaft.

90301 Betriebsbuch Titelblatt einseitiger Druck von 1 Form — Din A 4 Verrechnungsnummer 1 — Papier 2a Preis °/₀ = 0,80 RM — Rbd Mainz

Titelblatt zum Betriebsbuch der Lok 99 699, Original-Format A 4.

Standorte und Leistungen der Lokomotive

1	2	3	4	5	6
Bahnbetriebswerk		Eisenbahnausbesserungswerk oder Privatwerk		Leistung in km*)	
Bw. Zittau				seit der letzten bahnamtlichen Untersuchung des Fahrgestelles	seit der Anlieferung
Bw Zittau	von 2.11.26 bis [illegible]		von 26.4.29 bis 16.5.29		
" "	von bis	R.A.W. Dresden	von 11.6.29 bis 26.6.29	75000	
Zittau	von 27.6.29 bis 29.1.30	R.A.W. Dresden	von 3.7.30 bis 24.7.30	20000	
Heidenau	von 25.7.30 bis 19.3.31	R.A.W. Dresden	von 20.3.31 bis 9.4.31	30000	
"	von 11.4.31 bis 27.10.32	R.A.W. Chemnitz	von 28.10.32 bis 11.11.32	43000	
"	von 12.11.32 bis 3.3.33	R.A.W. Chemnitz	von 4.3.33 bis 3.4.33	51100	
"	von 4.4.33 bis 22.10.33	R.A.W. Chemnitz	von 23.10.33 bis 2.11.33	13000	
"	von 3.11.33 bis 26.4.34	R.A.W. Chemnitz	von 27.4.34 bis 9.5.34	24500	
"	von 10.5.34 bis 1.5.35	R.A.W. Chemnitz	von 2.5.35 bis 11.5.35	48000	

*) Die Leistung in Spalte 5 und 6 ist bei jeder Zuführung zum Eisenbahnausbesserungswerk einzutragen. Bei Abgabe der Lokomotive an ein anderes Bahnbetriebswerk ist die Leistung seit dem letzten Ausgang mit Bleistift zu vermerken

90306 Standorte und Leistungen der Lokomotive zweiseitiger Druck von 1 Form — Din A 4 — Verrechnungsnummer 2 — Papier 2a — Preis %₀ = 1,— RM — Rbd Mainz

Zu »Standorten und Leistungen« im Betriebsbuch der Lokomotive 99 699 das erste Blatt. Der erste Standort Zittau wird erst ab 2.11.26 geführt, die Abnahme fand aber schon am 16.3.26 statt.

Auszüge aus den Betriebsbüchern der Lokomotiven 99 648, 99 694, 706 und 713

Bahnbetriebswerk		Reichsbahnausbesserungswerk[1]		Bemerkungen
99 648[2]				Abnahme: 23.09.1919
Wil	.09.19 - ?	?	? - .23	
		Dre	12.05.27 - 16.06.27	
		Dre	21.04.28 - 03.05.28	
	- 25.07.28	Dre	26.07.28 - 09.08.28	
?	08.02.29 - 02.02.30	Dre	03.02.30 - 14.03.30	
Nos	15.03.30 - 23.05.32	Ch	28.05.32 - 07.06.32	
Nos	08.06.32 - 31.07.33	Ch	03.08.33 - 25.08.33	
Nos	26.08.33 - 25.03.36	Ch	26.03.36 - 11.05.36	
Nos	12.05.36 - 15.12.37	Ch	16.12.37 - 29.12.37	
Nos	30.12.37 - 23.06.39	Ch	24.06.39 - 22.07.39	
Nos	23.07.39 - 05.07.40			»am 01.07.40 abgesandt nach Bahnbetriebswerk Lublin«
Lub	(07.40) - (07.42)			
		Ch	24.07.42 - 22.09.42	L 4
Nos	23.09.42 - 26.09.43	Bw Nos	27.09.43 - 20.10.43	L 2
Nos	21.10.43 - 10.09.44	Bw Nos	02.02.46 - 09.02.46	L 0
Nos	- 31.07.46	Bw Nos	20.04.46 - 01.06.46	L 2
Frb	01.08.46 - 22.07.47[3]	Bw Nos	10.08.46 -02.09.46	
Frb	23.07.47 - 06.08.47	Bw Aue Lbf Swb	17.10.47 - 17.04.48	L 3
Frb	18.04.48 - 18.01.49	Bw Rch	22.01.49 - 28.02.49	
Frb	01.03.49 - 26.04.49	Bw Gö WaSh	27.04.49 - 14.07.49	L 2
DrA/Kli	15.07.49 - 14.10.49	Ch	17.10.49 - 24.12.49	L 3
DrA/Kli	25.12.49 - 18.-04.50	Bw No	18.04.50 - 23.05.50	
DrA/Kli	24.05.50 - 29.10.50	Ch	30.10.50 - 23.11.50	
Wil	01.12.50 - 01.06.51	Gö	02.06.51 - 10.08.51	
Wil	11.08.51 - 26.01.52	Bw Wil	27.01.52 - 15.02.52	
Wil	16.02.52 - 29.08.52	Bw Wil	30.08.52 - 20.09.52	
Wil	21.09.52 - 11.03.53	Gö	12.03.53 - 20.04.53	
Wil	21.04.53 - 09.06.53	Bw Wil	10.06.53 - 30.06.53	
Wil	01.07.53 - 26.07.53	Bw Wil	27.07.53 - 13.08.53	
Wil	14.08.53 - 02.01.54	Bw Wil	02.01.54 - 20.02.54	
Wil	21.02.54 - 23.09.54	Gö	24.09.54 - 26.11.54	angegeben: »Bw Schlauroth«
Wil	27.11.54 - 23.06.55	Gö	24.06.55 - 19.07.55	
Wil	20.07.55 - 25.04.56	Gö	26.04.56 - 07.06.56	
Wil	08.06.56 - 30.10.56	Bw Wil	31.10.56 - 05.12.56	
Wil	06.12.56 - 15.02.57	Bw Wil	16.02.57 - 27.03.57	
Wil	28.03.57 - 17.07.57	Gö	28.07.57 - 31.08.57	
Wil	01.09.57 - 03.06.58	Gö	03.06.58 - 11.08.58	
Wil	12.08.58 - 17.02.59	Gö	18.02.59 - 15.04.59	
Wil	16.04.59 - 05.10.59	Gö	06.10.59 - 05.12.59	
Wil	06.12.59 - 24.06.60	Gö	25.06.60 - 19.08.60	
Wil	20.08.60 - 01.06.61	Gö	02.06.61 - 12.11.61	
Wil	12.11.61 - 01.05.62	Bw Wil	02.05.62 - 29.06.62	
Wil	30.06.62 - 19.10.62	Bw Wil	20.10.62 - 03.11.62	
Wil	04.11.62 - 06.03.63	Bw Wil	07.03.63 - 13.05.63	
Wil	14.05.63 - 09.12.63	Gö	16.12.63 - 06.02.64	
Wil	07.02.64 - 17.09.64	Gö	18.09.64 - 10.11.64	
Wil	11.11.64 - 18.02.65	Gö	17.08.65 - 28.12.65	
Wil	29.12.65 - 05.10.66	Gö	06.10.66 - 07.09.67	
Wil	08.09.67 - 12.05.66	Gö	13.05.68 - 26.06.68	
Wil	27.06.68 - 23.02.69	Gö	26.02.69 - 07.05.69	
Wil	08.06.69 - 19.03.70	Gö	20.03.70 - 26.05.70	

Bahnbetriebswerk		Reichsbahnausbesserungswerk[1]		Bemerkungen
Wil	27.05.70 - 08.02.71	Gö	09.02.71 - 05.04.71	
Wil	06.04.71 - 30.11.71	Gö	01.12.71 - 19.01.72	
Wil	20.01.72 - 23.11.72			zerlegt 14.12.74 im Raw Cottbus. Begründung: »Lokomotive wurde durch Streckenstillegung frei. Anderweitiger Einsatz nicht möglich.«

Bauartänderungen:	*Zustand 1927: 2 Friedmann-Injektoren No. 7 125 l/min, Dampf- und Wurfhebelhandbremse, Geschwindigkeitsmesser »Deuta«, Dampfläutewerk, Scharfenbergkupplung, Petroleumbeleuchtung*
16.06.27 Raw Dresden	sämtliche Klappen und Hängeöse angebracht, Ölgefäße an der 4. Achse, Bahnräumer nach Zeichnung 87675 geändert, Achslagergleitplatten mit Metallgleitplatten versehen, Ölleitung der Ölpumpe bezeichnet, hölzerne Kükenhähne angebracht, Dampfpfeife geändert
03.05.28 Raw Dresden	Michalk'sche Ölpresse angebracht
07.02.29 Raw Dresden	Bremse als Saugbremse angebracht (Körting), Tritte und Handstangen am Kohlekasten angebracht
14.03.30 Raw Dresden	Bremse genormt
07.06.32 Raw Chemnitz	Elektrische Beleuchtung angebracht
25.08.33 Raw Chemnitz	Spurkranzschmierung
25.12.37 Raw Chemnitz	Scharfenbergkupplung angebracht *Fehleintrag; nachträglich für 1927*
22.09.42 Raw Chemnitz	Achslager mit WM 10 ausgegossen, 2 Strahlpumpen »Strube« ausgend 125 l/min neu angebaut, Frostschutz nach Verf. 63 W 5 Fu1/W-116 vom 01.04.42 ausgerüstet
22.10.43 Bw Nossen	Stangenlager mit WM 10 ausgegossen
14.07.49 Bw Görlitz/Wa Schlauroth	Steuerungsskala Ziffernstreifen mit erhabenen Ziffern versehen, Aschkasten- und Rauchkammer-spritzeinrichtung an beiden Dampfstrahlpumpen »angebracht« *richtig: angeschlossen*
11.08.58 Raw Görlitz	1 Gleitbahn hart verchromt
28.12.65 Raw Görlitz	erneuert Rahmen, Achswellen aller Achsen, Dampfzylinder rechts und links, Gleitbahnen, Schieberstange, Pufferträger vorn + hinten, Bremse und Ausgleich, Führerhaus und Wasserkästen
Zustand nach Reko *(siehe S. XX)*	
07.09.67 Raw Görlitz	10 mm Spurkranzschmierung II. und IV. Achse
26.06.68 Raw Görlitz	Wegfall des Splintes am Vorsteckring der Gegenkurbel
07.05.69 Raw Görlitz	Achs- und Stangenlager auf Dünnguß umgestellt

99 694[2]			Abnahme: 24.01.1926	
Glh	24.01.26 -	Dre[4]	- 24.07.26	
Glh		Dre	25.03.27 - 12.04.27	
		Dre	29.02.28 - 10.03.38	
Glh/Lst Hei	11.03.28 - 14.04.28	Dre	15.09.28 - 23.12.28	
Hei	24.11.28 - 28.07.29	Dre	31.07.29 - 29.08.29	
Hei	30.08.29 -	Dre	05.05.30 - 26.05.30	
Hei	- 27.11.30	Dre	28.11.30 - 09.12.30	
Hei	10.12.30 - 17.04.31	Dre	18.04.31 - 25.04.31	
Hei	26.04.31 - 09.11.31	Ch	10.11.31 - 01.12.31	
Hei	03.12.31 - 29.09.32	Ch	30.09.32 - 12.10.32	
Hei	13.10.32 - 27.10.32	Ch	26.10.32 - 03.11.32	
Hei	04.11.32 - 29.08.33	Ch	30.08.33 - 19.09.33	
Hei	20.09.33 - 17.11.33	Ch	18.11.33 - 28.11.33	
Hei	29.11.33 - 10.09.34	Ch	11.09.34 - 21.09.34	
Hei	22.09.34 - 07.10.34	Ch	08.10.34 - 11.10.34	
Hei	12.10.34 - 17.05.35	Ch	21.05.35 - 31.05.35	
Hei	01.06.35 - 22.05.36	Ch	23.05.36 - 04.07.36	
Hei	05.07.36 - 22.12.36	Ch	23.12.36 - 06.01.37	
Hei	07.01.37 -			
Nos/Lbf Hei	- 11.07.37	Ch	12.07.37 - 22.07.37	
Nos/Lbf Hei	23.07.37 - 17.02.38	Ch	18.02.38 - 01.03.38	
Nos/Lbf Hei	12.03.38 - 07.10.39			
Nos	08.10.39 - 21.11.39	Ch	22.11.39 - 19.12.39	
Nos		Ch	22.11.39 - 19.12.39	
Nos	20.12.39 - 05.06.39			
Nos	06.06.43 - 02.01.45			Zwischendurch weitgehend abgestellt, Raw Ch (L3) und Bw Nos (L 2)
Zi	03.01.45 - 06.05.45	Bw Zi	09.02.45 - 13.02.45	

Bahnbetriebswerk		Reichsbahnausbesserungswerk[1]		Bemerkungen
Zi	07.05.45 - 31.07.45			z
Zi	01.08.45 - 03.08.45			
Zi	04.08.45 - 17.08.50			mehrmals L 0, L 2 und L3 im Bw Zittau
Zi	18.08.50 - 23.07.51	Bw Zi	27.12.50 - 08.02.51	
		Gö	24.07.51 - 25.09.51	
Wil (Rad)	26.09.51 - ?	Bw Zi	06.11.52 - 31.12.52	L 2
		Bw No	17.08.53 - 18.10.53	L 2
Wil (Rad)	21.10.53 - 09.05.53	Bw No	10.05.54 - 10.07.54	
Wil (Rad)	11.07.54 - 25.10.54	Bw Wil	26.10.54 - 16.11.54	
Wil (Rad)	17.11.54 - 01.03.55	Gö	02.03.55 - 28.03.55	
Wil (Rad)	29.03.55 - 12.08.55	Gö	13.08.55 - 08.09.55	
Wil (Rad)	09.09.55 - 01.02.56	Gö	02.02.56 - 29.02.56	
Wil (Rad)	01.03.56 - 27.11.56	Gö	28.11.56 - 29.12.56	
Wil (Rad)	30.12.56 - 05.09.57	Gö	09.09.57 - 13.11.57	
Wil (Rad)	20.11.57 - 29.07.58	Gö	31.07.58 - 18.02.59	
Wil (Rad)	17.06.58 - 29.07.58	Gö	31.07.58 - 18.02.59	
Wil (Rad)	19.02.59 - 15.10.59	Bw Wil	16.10.59 - 22.01.60	
Wil (Rad)	23.01.60 - 26.10.60	Gö	27.10.60 - 03.01.61	
Wil (Rad)	04.01.61 - 09.07.61	Bw Wil	10.07.61 - 13.09.61	
Wil (Rad)	14.09.61 - 26.12.61	Gö	27.12.61 - 07.03.62	überwiegend abgestellt
Wil (Rad)	08.03.62 - 01.12.62	Bw Wil	02.12.62 - 25.01.63	überwiegend abgestellt
Wil (Rad)	26.01.63 - 10.12.63	Bw Wil	11.12.63 - 02.02.64	
Wil (Rad)	03.02.64 - 31.07.64	Gö	01.08.64 - 14.09.64	
Wil (Rad)	15.09.64 - 26.03.65	Gö	27.03.65 - 30.07.65	
Wil (Rad)	31.07.65 - 04.04.66	Gö	05.04.66 - 25.05.66	
Wil (Rad)	26.05.66 - 03.12.67	Gö	04.12.67 - 27.02.68	
Wil (Rad)	28.02.68 - 02.11.68	Gö	04.11.68 -03.01.69	
Wil (Rad)	04.01.69 - 20.07.69	Gö	21.07.69 - 26.09.69	
Wil	26.09.69 - 07.06.70	Gö	08.06.70 - 31.07.70	
Wil	01.08.70 - 09.01.72	Gö	19.03.71 -17.05.71	
Wil	18.05.71 - 09.01.72	Gö	10.01.72 - 09.03.72	
Wil	10.03.72 - 31.10.72			
Nos	01.01.73 - 21.09.73			zerlegt 31.10.1975. Begründung: »Streckenschließung, Verlängerung abgelaufen, Tfz muß HU erhalten, Aufarbeitung unwirtschaftlich.«

Bauartänderungen:	*Zustand 1938: 2 Friedmann-Injektoren No. 7 125 l/min, Dampf- und Wurfhebelhandbremse, Dampfläutewerk, Geschwindigkeitsmesser »Deuta«, keine Dampfheizanschlüsse, Petroleumbeleuchtung*
24.07.26 Dresden	Leistungsbuchtasche angebracht, Zettelhalter, Schilder für Hahnstellung angebracht, Ölleitung der Ölpumpe bezeichnet, hölzerne Rückenlehnen angebracht, Zugsignallaternen versetzt, Michalk'sche Ölpressen angebracht
12.04.27 Dresden	Marcotty-Feuertür angebracht
23.11.28 Dresden	Ölgefäße an Federstützen, Bremse genormt
26.05.30 Dresden	Tritte und Handstangen am Kohlenkasten angebracht
09.12.30 Dresden	elektrische Beleuchtung eingebaut
25.04.31 Dresden	Pufferfederteller geändert
12.10.32 Chemnitz	Bremse an Saugbremse angeschlossen, 2 Befestigungsschrauben in oberen Schutz des Feuerlochschoners, Reglergestänge geändert
19.09.33 Chemnitz	Spurkranzschmierung eingebaut, Dampfheizung eingebaut, Führerhaussitze mit Lederüberzug versehen
28.11.33 Chemnitz	Einbau Scharfenbergkupplung
11.10.34 Chemnitz	Umstellhahn eingebaut
22.07.37 Chemnitz	Feuerschirm der »Didier«-Werke eingebaut
17.12.37 Chemnitz	Hoheitszeichen angebracht, Lichtschutzvorhänge
21.01.44 Chemnitz	Achslagergleitplatten aus Gußeisen
01.10.44 Bw Nossen	sämtliche Achs- und Stangenlager mit WM 10 ausgegossen
18.11.47 Bw Zittau	Achsschenkel mit Staubschutz ausgerüstet
16.07.50 Bw Zittau	Schmiervorrichtung Bauart »Erfurt« in Stangenlager eingebaut
11.02.59 Görlitz	Anbau eines Pralltopfes

Bahnbetriebswerk		Reichsbahnausbesserungswerk[1]	Bemerkungen
03.01.61 Görlitz		Schieberumbau auf Bauart »Trofimoff«	
30.07.65 Görlitz		Zustand nach Reko *(siehe Abschnitt 4 des Buches)*	
31.07.65 Görlitz		Versuch: Spritzschlauch mit vorgeschaltetem Sicherheitsventil HvM-Verf. Raw 2 BfN I-25/65 vom 09.02.65	
26.05.66 Görlitz		Spurkranzschmierung »Heyder« angebracht	
03.07.67 Bw Wilsdruff		Auf Anordnung der Rbd Dresden M-Tu wurde die Lokomotive versuchsweise in der Ausgleichsgruppe mit anderen Tragfedern ausgerüstet; die halbe Länge der einzelnen Federblätter beträgt 1 x 100 mm, 1 x 165 mm, 1 x 230 mm, 1 x 290 mm und 2 x 296 mm	
27.02.69 Görlitz		Wegfall des Splintes am Vorsteckring der Gegenkurbel, 10 mm Spurkranzschwächung bei der II. und IV. Achse	
03.01.69 Görlitz		Achs- und Stangenlager auf Dünnguß umgestellt	
99 706[2]			Abnahme: 15.02.1926 (Probefahrt)
Thu	17.02.26 - 21.01.29	Dre	22.01.29 - 14.02.29
Thu	15.02.29 - 28.01.30	Dre	29.01.30 - 17.02.30
Gey	18.02.30 - 25.08.30	Dre	26.08.30 - 10.09.30
Gey	11.09.30 - 29.01.31	Dre	30.01.31 - 11.02.31
Gey	12.02.31 - 14.07.31	Ch	15.07.31 - 31.07.31
Gey	01.08.31 - 31.08.31	Ch	01.09.31 - 08.09.31
Gey	04.09.31 - 29.08.32	Ch	30.08.32 - 08.09.32
Gey	09.09.32 - 30.11.32	Ch	27.12.32 - 05.01.33
Chh	06.01.33 - 12.04.33	Ch	13.04.33 - 18.05.33
Chh	19.05.33 - 15.10.34	Ch	02.10.34 - 11.10.34
Chh	12.10.34 - 27.05.35	Ch	29.05.35 - 15.06.35
Nos	16.06.35 - ?		
Chh	01.11.38 - 09.1.38	Ch	11.11.38 - 21.11.38
Chh	22.11.38 - 28.10.42	Ch	03.10.42 - 07.11.42
Chh	08.11.42 - 04.05.44	Ch	05.05.44 - 20.09.44
Nos	08.10.44 - 31.07.46		
DrA	01.08.46 - 06.09.47	Ch	18.09.47 - 28.11.47
DrA	29.11.47 - 26.04.49	Bw Nos	27.04.49 - 28.06.49
DrA/Lbf Wil	29.06.49 - 26.07.49	Bw Nos	27.07.49 - 10.01.50
DrA/Lbf Wil	03.08.49 - 25.11.49	Gö	28.11.49 - 10.1.50
DrA/Lbf Wil	11.01.50 - 07.02.50	Ch	09.02.50 - 15.03.50
DrA	16.03.50 - 30.07.50	Lbf Wil	31.07.50 - 23.08.50
Wil	24.08.50 - 17.01.51	Bw Wil	18.01.51 - 16.02.57
Wil	17.02.51 - 02.07.51	Gö	03.07.51 - 02.11.51
Wil	03.11.51 - 18.05.52	Bw Wil	19.05.52 - 29.05.52
Wil	30.05.52 - 16.10.52	Bw Wil	17.10.52 - 23.11.52
Wil	24.11.52 - 12.04.53	Shr	13.04.53 - 09.05.53
Wil	10.05.53 - 11.08.53	Bw Wil	12.08.53 - 03.09.53
Wil	04.09.53 - 22.10.53	Bw Wil	23.10.53 - 30.11.53
Wil	01.12.53 - 21.02.54	Bw Wil	22.02.54 - 26.03.54
Wil	27.03.54 - 13.05.54	Gö	14.05.54 - 09.07.54
Wil	10.07.54 - 08.12.54	Gö	09.12.54 - 17.01.55
Wil	18.01.55 - 20.07.55	Gö	21.07.55 - 15.08.55
Wil	16.08.55 - 03.11.55	Gö	04.11.55 - 05.12.55
Wil	06.12.55 - 15.05.56	Gö	16.05.56 - 10.07.56
Wil	11.07.56 - 12.10.56	Bw Wil	13.10.56 - 25.10.56
Wil	26.10.56 - 04.04.57	Gö	05.04.57 - 13.05.57
Wil	14.05.57 - 24.09.57	Bw Wil	25.09.57 - 10.10.57
Wil	11.10.57 - 27.04.58	Gö	28.04.58 - 09.08.58
Wil	10.08.58 - 16.07.59	Gö	17.07.59 - 28.10.59
Wil	29.10.59 - 25.05.60	Bw Wil	26.05.60 - 27.07.60
Wil	28.07.60 - 01.01.61	Bw Wil	02.01.61 - 19.05.61
Wil	20.05.61 - 30.11.61	Bw Wil	01.12.61 - 18.01.62
Wil	19.01.62 - 28.10.62	Gö	29.10.62 - 21.12.62
Wil	22.12.62 - 12.05.63	Gö	13.05.63 - 14.06.63

Bahnbetriebswerk		Reichsbahnausbesserungswerk[1]		Bemerkungen
Wil	15.06.63 - 02.01.64	Bw Wil	03.01.64 - 29.02.64	
Wil	30.02.64 - 14.10.64	Gö	15.10.64 - 16.12.64	
Wil	17.12.64 - 27.07.65	Gö	28.07.65 - 21.01.66	
Wil	22.01.66 - 27.11.66			
Kmh	28.11.66 - 21.04.67	Gö	03.05.67 - 06.10.67	
Wil	07.10.67 - 01.07.68	Gö	02.07.68 - 12.08.68	
Wil	13.08.68 - 16.04.69	Gö	17.04.69 - 30.06.69	
Wil	01.07.69 - 14.01.70	Gö	15.01.70 - 16.04.70	
Wil	17.04.70 - 17.01.71	Gö	18.01.71 - 17.03.71	
Wil	18.03.71 - 24.10.71	Gö	25.10.71 - 30.11.71	
Wil	01.12.71 - 31.12.72			
Nos	01.01.73 - 31.05.73			zerlegt 04/1975
Bauartänderungen:				
29.07.27 Dresden		Marcotty-Feuertür eingebaut. Gleitschuhe links Rg9, rechts Rg5 eingebaut, Ölgefäße an 4 Radsatz, Rückenschutz und Schutzleisten, Büchertasche angebracht, Ölleitung der Ölpumpe bezeichnet, Dampfpfeife geändert, Zugsignallaternen versetzt,		
14.02.29 Dresden		Tritte und Handstang. a. Kohlenkast, Bremse genormt		
18.03.33 Chemnitz		Elektrische Beleuchtung eingebaut		
18.05.33 Chemnitz		Reglergestänge geändert, Spurkranzschmierung anbringen, Feststellschraube für Hebel und Regler, Abschrägung der Achslagergleitplatten		
11.10.34 Chemnitz		Lok mit Dampfheizung ausgerüstet		
02.10.36 Chemnitz		Scharfenbergkupplung angebaut, Körtingbremse geändert		
10.01.50 Schlauroth		Steuerungsskala mit erhabenen Zeichen versehen, Aschekasten und Rauchkammereinspritzung an beiden Dampfstrahlpumpen angebracht		
12.08.62 Görlitz		Lok auf Schieber-Bauart »Trofimow« umgebaut.		
06.10.67 Görlitz		Änderung des Reglerhebelwerks nach 99^{77} in Abänderung auf 6K Reko		
12.08.68 Görlitz		Wegfall des Splintes am Vorsteckring der Gegenkurbeln		
30.06.69 Görlitz		Achs- und Stangenlager auf Dünnguß umgestellt		
16.04.70 Görlitz		Neuanlage Wasserstand Bauart »Cardo« eingebaut		
99 713[5]			Abnahme: 16.03.1927	
Zi	01.12.28 - 25.08.29	Dre	04.12.28 - 30.11.28	
Hei	25.08.29 - 21.09.29	Dre	29.10.29 - 30.11.28	
Hai	.11.29 - 09.30	Dre	06.09.30 - 01.07.31	
Hai	.07.31 - .10.31			
Zi	01.11.31 - 23.08.32	Ch	06.09.32 - 15.09.32	
Zi	15.09.32 - 17.11.33			
Lbf Wil	18.11.33 - 17.05.35	Ch	16.05.35	
Lbf Wil	15.06.35 - 08.08.35	Ch	14.08.35 - 22.08.35	
Lst Kli	27.08.35 - 30.11.35			
Nos	12.12.35 - 23.12.35			
Hei	23.12.35 - 22.11.36	Ch	23.11.36 - 08.12.36	
Hei	09.12.36 - 10.01.38	Ch	19.01.38 - 15.02.38	
Nos	16.02.38 - 07.02.40	Ch	08.02.40 - 22.02.40	
Nos	23.02.40 - ?	Ch	?	
Nos	10.03.42	Ch	14.10.42 - 18.11.42	
Nos	19.11.42 - 31.07.46	Ch	20.12.44 - 16.01.45	
DrA	04.09.46 - 04.08.47	MWFr	05.08.47 - 16.01.48	L 4
DrA	31.01.48 - 08.11.49	Bw Nos	08.1.49 - 08.02.50	L 2
DrA	09.02.50 - 28.04.50	Lbf Wil	29.04.50 - 05.05.50	L 0
DrA	06.05.50 - 14.06.50	?	15.06.50 - 14.07.50	L 0
DrA	15.07.50 - 27.11.50	Lbf Wil	28.11.50 - 09.11.51	L 0
Wil	10.01.51 - 10.04.51	Gö	11.04.51 - 19.07.51	
Wil	20.07.51 - 26.10.51	Bw Wi	27.10.51 - 15.11.51	L 0
Wil	16.11.51 - 29.06.52	Wil	30.06.52 - 08.08.52	L 2
Wil	09.08.52 - 24.11.52	Bw Wil	25.11.52 - 13.12.52	L 0
Wil	14.12.52 - 01.03.53	Gö	04.03.53 - 22.04.53	
Wil	23.04.53 - 16.09.53	Kms	17.09.53 - 10.11.53	

Bahnbetriebswerk		Reichsbahnausbesserungswerk[1]		Bemerkungen
Wil	11.11.53 - 28.01.54	Gö	29.01.54 - 13.03.54	
Wil	14.03.54 - 03.10.54	Bw Wil	04.10.54 - 04.11.54	L 2
Wil	05.11.54 - 08.05.55	Bw Wil	09.05.55 - 29.06.55	
Wil	30.06.55 - 17.02.56	Gö	18.02.56 - 28.03.56	
Wil	29.03.56 - 16.09.56	Gö	17.09.56 - 18.10.56	
Wil	19.10.56 - 19.03.57	Gö	20.03.57 - 26.04.57	
Wil	27.04.57 - 09.10.57	Bw Wil	09.10.57 - 06.11.57	L 0
Wil	07.11.57 - 17.06.58	Gö	19.06.58 - 25.08.58	
Wil	26.08.58 - 12.06.60	Gö	13.06.60 - 23.08.60	
Wil	24.08.60 - 17.03.61	Bw Wil	18.03.61 - 04.05.61	
Wil	05.05.61 - 26.11.61	Gö	27.11.61 - 12.02.62	
Wil	13.02.62 - 14.05.62	Bw Wil	15.05.62 - 18.05.62	
Wil	19.05.62 - 01.08.63	Gö	02.08.63 -02.12.63	
Wil	03.12.63 - 22.09.64	Bw Wil	23.09.64 - 12.11.64	L 2
Wil	13.11.64 - 28.07.65	Bw Wil	29.07.65 - 12.10.65	L 2
Wil	13.10.65 - 04.07.66	Gö	05.07.66 - 12.09.66	
Wil	13.09.66 - 13.08.67	Gö	14.08.67 - 13.10.67	
Wil	14.10.67 - 02.08.68	Bw Wil	03.08.68 - 05.08.68	L 0
Wil	06.08.68 - 22.10.68	Gö	23.10.68 - 11.12.68	
Wil	12.12.68 - 19.10.69	Gö	20.10.69 - 04.12.69	
Wil	05.12.69 - 20.09.70	Gö	21.09.70 - 19.11.70	
Wil	20.11.70 - 10.08.71	Gö	11.08.71 - 06.10.71	
Wil	07.10.71 - 23.11.72	Gö	24.02.75 - 19.06.75	L 7
Nos				
5	20.06.75 - 27.07.80	Gö	28.07.80 - 25.11.80	L 6
Nos				
5	26.11.80 - 21.10.84	Gö	22.10.84 - 03.01.85	L 7
Nos	04.01.85 - 14.04.89	Gö	15.04.89 - 17.06.89	L 5
Nos	27.04.91 - 19.02.95	Gö	20.02.95 - 19.05.95	L 7
Rie	20.05.95 - 03.01.99	Mei	04.01.99 - 02.12.99	L 6
DrR	03.12.99			02.12.99 RAW Dresden , Dampflokwerk Meiningen

Bauartänderungen:	
01.11.27 Dresden	Rückenschutz angebaut, Ölleitungen der Ölpumpen bezeichnet
28.11.28 Dresden	Tritte, Handstangen, Kohlenkasten, Ölgefäße an Federstutzen, Dampfpfeife geändert, Zugsignallaterne angebaut
31.07.30 Dresden	Bremse genormt
29.09.30 Dresden	Elektrische Beleuchtung eingebaut
23.08.35 Chemnitz	Dampfheizung eingebaut, Scharfenbergkupplung angebaut
08.12.36 Chemnitz	Knallkapselhalter angebracht
28.03.42 Görlitz	Achs- und Stangenlager mit WM 10
23.08.60 Görlitz	Umbau auf Trofimow-Schieber
11.12.68 Görlitz	Wegfall des Splintes am Vorsteckring der Gegenkurbeln
11.12.68 Görlitz	Achslager auf Dünnguß umgestellt

1 Soweit nicht anders angegeben

2 1919 - 1925 Sächs. Sts. E. B. 217

3 Mehrere Zeilen für Bw Freiberg ohne Datum

4 Eisenbahnausbesserungswerk

4 jetzt DB

5 Einsatzstelle Radebeul

Ch	Chemnitz	Kmh	Karl-Marx-Stadt-Hilbersdorf
Chh	Chemnitz-Hilbersdorf	Kms	Karl-Marx-Stadt
DrA	Dresden Altst.	Lbf	Lokomotivbahnhof
Dre	Dresden	Lst	Lokomotivstation
DrR	DB Regio Zweigniederlassung Dresden/Radebeul	Lub	Lublin
		Mei	Dampflokwerk Meiningen
Frb	Freiberg (Sachs)	MWFr	Mechanische Werkstätten Freital
Gey	Geyer	Nos	Nossen

Bahnbetriebswerk	Reichsbahnausbesserungswerk[1]		Bemerkungen
Glh	Glashütte	Rad	Radebeul Ost
Gö	Reichsbahnausbesserungswerk Schlauroth	Rch	Reichenbach (Vogtl) ob Bahnhof
	bis 1950, Reichsbahnausbesserungswerk	Rie	Betriebshof Riesa, Einsatzstelle Radebeul
	»Deutsch-Sowjetische Freundschaft« Görlitz		von DB Regio
	bis 1970, Reichsbahnausbesserungswerk	Rk	Rekonstruktion
	Cottbus, Werkteil »DSF« Görlitz	Swb	Schwarzenberg (Erzgeb)
Hai	Hainsberg	Tfz	Triebfahrzeug
Hei	Heidenau	WaSh	Wagenausbesserung Schlauroth
HU	Hauptuntersuchung	Wil	Wilsdruff
Kli	Klingenberg-Colmnitz		

Für die Leser, die der Lokomotivgeschichte etwas Sentimentales abgewinnen, stellen wir den »Lebenslauf« der Lokomotive 99 644 vor:

Geboren bin ich 1918 in Kassel als viertes Kind einer aus 62 Maschinen bestehenden Lokomotivfamilie, zu der es allerdings verschiedene Väter gab. Meiner hieß Henschel. Als man mich mit meinen 14 Geschwistern auf unsere fünf rollenden Füße stellte, hörten wir ihn verlegen sagen: »Das sind meine kleinen Kriegskinder.«

Nachdem am 16. September 1918 mein Kesselleib seine Druckprobe bestand, wurde ich zur echten Lokomotive montiert, lauffähig gemacht und bekam am Führerhaus mein Geburtskennzeichen, zuerst »7526 H«. Doch aus dem gedachten Kriegseinsatz auf den Strecken der Warschauer Militär-Generaldirektion wurde nichts, weil an der Ostfront alsbald Frieden herrschte. So stand ich kalt und unnütz im freien Werkgelände. Doch dann hieß es, die »Sächs. Sts. E. B.« suchten starke und kurvenwendige Lokomotiven und wollten es mit mir versuchen. So verließ ich im November 1919 mit weiteren drei Schwestern unsere hessische Geburtsstätte, um in den sächsischen Einsatzgebieten endlich schmalspurigen Zugdienst verrichten zu können. Am 25. November 1919 wurde ich in Hainsberg auf meine Schienenspur gestellt und mit der neuen Betriebsnummer 213 versehen.

So sah also ein Bahnhof aus. Neben bereits dampfenden Schwestern (Nr. 213 und 224) sah ich erstmals die kleineren Vierbeiner der Gattung IV K. Ins dreigleisig ausgebaute Lokomotivhaus durfte ich aber noch nicht, denn für uns Neuzugänge mußten noch die Schuppentore verbreitert werden. Erst am 7. Juni 1920 war meine Probefahrt – endlich konnte ich am Zugdienst teilhaben. An Kraft waren wir Fünfkuppler mit unseren 420 Pferdestärken den Gelenklokomotiven überlegen, doch die Gleisradien machten uns zu schaffen, anfangs durchzwängten wir sie mehr reibend statt durchrollend. Dem wurde schnell abgeholfen. Schon bald übernahmen wir Henschel-VIK den gesamten Dienst. Unser Fauchen und Prusten drang im Rabenauer Grund oftmals als Echo zurück, und an der Talsperre Malter staunten die Ausflügler uns an.

1925 bekam ich eine neue Betriebsnummer, zuerst in Kreideschrift mitten auf den Tender, später wurden die Zahlen 99 und 644 auf Schildern an der Rauchkammertür, am Tender und beiderseits des Führerhauses befestigt.

Zu meiner ersten Kur im Ausbesserungswerk fuhr ich 1927. Mit dem Kessel meiner Schwester 99 652, neuen Injektoren der Bauart Strube und in den Farben Schwarz-Rot verließ ich die Werkstatt, die ich noch öfter kennenlernen sollte.

Meine Stammstrecke im Tal der Roten Weißeritz mußte ich 1931 verlassen und wechselte ins benachbarte Freital über, zunächst als Vorspannhelfer bei den schweren Kohlezügen, doch zunehmend als Zuglokomotive auf den Strecken nach Meißen und Nossen. So schön wie in Hainsberg war's nicht mehr. Dort hatten inzwischen die neuen Einheitslokomotiven der Baureihe 9973-76 das Zepter in der Hand. Ich traf diese oft, wenn ich das Dreischienengleis zur alten Heimat nach Hainsberg befuhr, doch auch in Mohorn, wo die schwergewichtigen Haudegen vorübergehend bis Frauenstein fuhren.

Dennoch – im Wilsdruffnetz hatten wir das Sagen. Monatlich befuhr ich zwischen 4.500 und 5.700 km an Strecke. Dabei waren kurze, straffe Steigungen zu bezwingen, weite Feldflure zu durchqueren und vor allem im Winter schneegefährdete Einschnitte zu durchfahren.

Nachdem ich mit einer elektrischen Beleuchtungsmaschine ausgerüstet wurde und deshalb zwischen Schornstein und Läutewerk ein Turbogenerator brummte, gehörte ich von 1933 bis 1940 zum Lommatzscher Leihgabestamm, wo wir die kleinen Meyer-Lokomotiven unterstützten. Mit einer Lokomotivschwester leisteten wir von September bis Februar einen sogenannten Kampagnedienst, zwischen Garsebach, Mertitz und Döbeln bis zu 60 Achsen lange Zuckerrübenzüge waren zu fahren. Im Anschluß daran gab es immer eine Art dienstlichen Urlaub, den wir abgestellt in Lommatzsch, aber auch im Schuppen der Meißner Station Jaspisstraße verbrachten. Nur dringender Bedarf störte unsere Ruhe. Das viele fremde Personal tat uns nicht wohl, denn den »Kommando-Eisenbahnern« von der Normalspur aus Annaberg, Aue, Flöha oder auch aus Hilbersdorf fehlte einfach das Schmalspurgefühl.

Inzwischen war wieder Krieg. Für kriegsbedingte Sondereinsätze erhielten wir Frostschutz. Am 23. August 1940 mußte ich zum sogenannten Osteinsatz einrücken als Leihgabe für das Bahnbetriebswerk Lublin. Dieses war unter anderem zuständig für die südostpolnischen Hrubiszowska-Strecken. Zwischen dem Streckenast Hrubiesow–Webkowice lag die Lokomotivstation Gozdow, bei der ich nun beheimatet war. Im Dezember kam meine Schwester 99 653, und 1941 tauchte auch die bis dahin in Thum beheimatete und mir daher unbekannte 99 712 auf. Wir waren somit eine richtige kleine Familie, fuhren reguläre Züge und spürten den Krieg insofern, daß zum südlich gelegenen Uhnow – an der Hauptstrecke Lemberg–Kowel gelegen – sehr viele Soldaten unsere Züge benutzten.

Im Sommer 1942 kehrte ich in die sächsische Heimat zurück, bekam im Ausbesserungswerk Chemnitz eine Fristuntersuchung der Norm L 4 und verrichtete wieder Dienste im Wilsdruffer Netz. Nach Kriegsende ging ich auf Wanderschaft, das brachte mir den Ruf der »Wildlokomotive« ein. 1946 war ich einige Wochen zur Aushilfe nach Oberwiesenthal, anschließend erneut in der Außenstelle Lommatzsch und vom 15. April 1950 an beim Bahnbetriebswerk Zittau. Hier lernte ich die Strecken nach Oybin und Jonsdorf kennen und half mit fünf Wilsdruffer Bekannten (99 642, 646, 653, 655 694) den Betrieb aufrecht zu erhalten. Während jener Zeit wurden die Heizeinrichtung erneuert und zwischen mir und der 99 642 die Achsen getauscht. Ausgerechnet ich wurde ausgewählt, um 30 Tage auf der Insel Rügen einen Leistungs- und Eignungstest zum Streckenlauf mit der aus Eppendorf geliehenen 99 530 (eine ehemalige IV K) zu absolvieren. Die Rügener kannten Drehgestell-Lokomotiven recht gut – seit Jahren war hier die Bauart Mallet eingesetzt – und so entschieden sie sich für die Meyer-Bauart.

Als 1953 alle Oberwiesenthalter und die restlichen Thumer Einheitslokomotiven nach Zittau kamen, hieß es, Abschied von Zittau zu nehmen. Uns hatte das inzwischen Bahnbetriebswerk gewordene Wilsdruff wieder. Meist war ich auf der Strecke nach Frauenstein eingesetzt, stand auch oft als Reserve. So wechselten straffe Zugeinsätze mit Wartezeiten. Immerhin erreichte ich in den ersten der sechziger Jahre noch monatlich 7.000 Streckenkilometer. 1963 wurde entschieden, daß ich nicht zu jenen Maschinen gehören sollte, die durch Umbauten modernisiert werden sollen. 1967 kam ich zweimal zum Ausbesserungswerk Görlitz und erhielt für den alten Kessel des Jahres 1927 eine Fristverlängerung von 75 Tagen. Meine letzten Leistungen galten Wilsdruff; am 10. April 1968 wurde ich außer Dienst gestellt. »Lokomotive in allen Teilen verbraucht, Aufarbeitung unwirtschaftlich« stand in meinem Stammbuch. Traurig, ich war die erste Lokomotive der einstigen Gattung VI K, die in Wilsdruff abgestellt wurde. Erst im Dezember folgte die 99 642. Immerhin hatte ich seit 1920 stolze 1.174.412 km an Laufleistung erbracht. Nach der Rbd-Verfügung 463 galt ich vom 26. Juli 1968 an als ausgemustert, wurde nach Görlitz gebracht und da in wenigen Tagen zerlegt.

Der Wurgwitzer Brückensturz und andere Unfälle

Die Lokomotiven der Baureihe 99^{64-71} waren an mehreren, zum Teil spektakulären Unfällen beteiligt, die mitunter Menschenleben forderten und stets zu beträchtlichen Materialschäden führten. Zu den Toten gehörten auch die Eisenbahner auf der Lokomotive. An und für sich war die Maschine robust, das vor dem Wetter schützende Führerhaus konnte jedoch mitunter zur Todesfalle für Führer und Heizer werden.

Fast regelmäßig machte auf der Strecke Klingenberg-Colmnitz–Frauenstein mit dem Streckenast nach Oberdittmannsdorf der Winter den Lokomotiven zu schaffen. Bei den Einheimischen galt die Wetterregel: »Bevor die Bahn nicht im Schnee steckenbleibt, wird kein Frühling.« So war es oft, unter anderem im Jahre 1941 bei Burkersdorf, wo der Schnee zwei Maschinen (Lokomotive 99 713, andere nicht bekannt) so aushob, daß sie auf die Sei-

Die umgekippte Zuglokomotive 99 715 in Oberbobritzsch beendete 1971 für immer den Zugverkehr nach Frauenstein.
Foto: Recknagel

Zwischen Klingenberg-Colmnitz und Frauenstein mußte jede Maschine einmal im Schnee steckenbleiben. Im Winter 1958 legte der Schnee die Lokomotive 99 685 vor Frauenstein um. *Foto: Scheffler*

Am 26. Oktober 1936 fiel die Lokomotive 99 704 nach einem Zusammenprall mit einem Lastkraftwagen bei Dohna in die Müglitz. *Foto: Sammlung Klebes*

Die häufigen Unfälle auf Bahnübergängen wie hier an der Heidenauer Erlichtmühle 1937 lieferten eine der Begründungen dafür, die Strecke Heidenau–Altenberg (Erzgeb) auf Normalspur umzustellen. *Foto: Berger*

te kippten. 1958 und 1969 fiel auf der gleichen Strecke die Lokomotive 99 685 in den Schnee.

Überraschungen gab es auch mit Hochwasser, so am 8. Juli 1927 im Müglitztal. Zwar standen die Lokomotiven 99 647 und 99 649 im Bahnhof Glashütte angebremst fest, so daß die 3 m hohe Flutwelle allein die Wagen abtrieb, doch beschädigten angeschwemmte Baumstämme die Lokomotiven erheblich.

Für Lokomotive und Personen nicht immer glimpflich endeten die Zusammenstöße mit Straßenfahrzeugen auf den für Schmalspurbahnen typischen unbeschrankten Bahnübergängen. Am 26. Oktober 1936 stieß die Lokomotive 99 704 nahe der Dohnaer Schloßmühle mit einem Lkw zusammen und stürzte in die Müglitz. Zusammenstöße mit erheblichen Schäden gab es auch 1937 an der Heidenauer Erlichtmühle mit der Lokomotive 99 675 und bei Berbisdorf (Radebeul Ost–Radeburg) mit der Lokomotive 99 713. Auch mit der Straßenbahn, einem Dresdener Hechtwagen, prallte eine Lokomotive zusammen.

Am 19. Oktober 1922 stießen auf der Müglitztalbahn nahe der Station Bärenhecke zwei Züge frontal zusammen, ein bergwärts fahrender Personenzug und ein talwärts fahrender Güterzug. Dabei wurden Reisende verletzt. Beteiligt war unter anderem die Lokomotive 99 651.

Der Unfall auf der württembergischen Schmalspurbahn Biberach–Ochsenhausen am 6. Januar 1944 war besonders schrecklich. Im Bahnhof Warthausen gab es eine niveaugleiche Kreuzung des Schmalspurgleises Warthausen–Biberach mit den Normalspurgleisen der württembergischen

An dem Unfall im Jahre 1922 im Müglitztal bei Bärenhecke war die Lokomotive 99 651, die noch die sächsische Nummer trug, beteiligt. *Foto: Sammlung Scheffler*

Plötzlich fiel die Lokomotive in den Garten. Ursache: Gleiserweiterung. Noch rechtzeitig konnte das Personal von der Lokomotive 99 698 abspringen. Olbersdorf 1926. *Foto: Sammlung R. Preuß*

Südbahn Ulm–Friedrichshafen. Auf dieser fuhr der Personenzug P 1521 nach Ulm dem Schmalspurzug nach Biberach in die Flanke. Zwölf Menschen verloren dabei ihr Leben. Die Normalspurlokomotive der Baureihe 18^{1} wurde erheblich beschädigt, während die Lokomotive der Baureihe $99^{64\text{-}71}$ ohne Schaden blieb, denn sie befand sich während des Unfalls außerhalb der Gleiskreuzung.

Diesen Unfall verschuldeten Eisenbahner selbst wie auch Unfälle anderer Art. Bei Olbersdorf Niederdorf war eine Gleiserweiterung unbemerkt geblieben, so daß die Lokomotive 99 698 des Personenzuges nach Zittau nicht nur entgleiste, sondern vom Bahndamm in den Kleingarten kippte. Das Lokomotivpersonal konnte sich rechtzeitig durch Sprung aus dem Führerhaus retten. Tödlich wurde der Unfall im November 1931 in Oberdittmannsdorf, als die Heberleinbremse nicht wirkte, weil die Leine außerhalb der Führung eingeklemmt war, und der Zug ungebremst immer schneller wurde, schließlich in der Einfahrkurve des Bahnhofs entgleiste. Die Lokomotive 99 647 stürzte um, über sie schoben sich die Wagen zu einem Trümmerberg.

Am 4. November 1935 kam es zum »Wurgwitzer Brückensturz«. Obwohl der Unfall glimpflich verlief, ging er nachhaltig in die Geschichte der sächsischen Schmalspurbahnen ein. Die Lokomotiven 99 704 und 99 713 zogen den Güterzug von Freital-Potschappel nach Wilsdruff auf die 62 m lange, über Bach und Straße führende Brücke. Zur gleichen Zeit zerbarst die stählerne Konstruktion mit einem lauten Knall. Der Zug blieb in der Schwebe auf den durchhängenden Trägern. Die Bergungsarbeiten waren nicht einfach.

Das Leben des Lokomotivpersonals wie der Zugbegleiter kostete der Brückensturz vom Robschützer Viadukt (Strecke Lommatzsch–Meißen-Triebischtal) im Jahre 1949. Offenbar war vor Abfahrt die Bremsprobe nachlässig ausgeführt worden, in einer langen Gefällestrecke entgleiste der Zug infolge der überhöhten Geschwindigkeit und stürzte 8 m tief ab. Trotz hoher Schäden wurde die Lokomotive 99 689 wieder aufgearbeitet.

Ausgemustert mußte die Lokomotive 99 674 werden, als bei einem Luftangriff auf Frauenstein im April 1945 neben dem Gmp-Zug eine Bombe fiel. Durch die Explosion verlor der Lokomotivheizer sein Leben. Die Maschine war so schwer beschädigt, daß sie an Ort und Stelle zerlegt wurde.

Museumslokomotiven

Von den 62 Lokomotiven der Baureihe 99^{64-71} blieben vier erhalten. Während sich die 99 651 als Denkmal präsentiert, sind zwei immer noch bzw. wieder im Einsatz als Museumslokomotiven. Eine weitere wird, nachdem sie jahrelang nur als kaltes Besichtigungsobjekt galt, für den Fahrbetrieb wieder hergestellt.

Ebenfalls erhalten blieb eine Maschine der württembergischen Meterspur-Variante, die allerdings zur Zeit nicht betriebsfähig ist.

Der letzten ihrer Art bei der Deutschen Bundesbahn blieb nach Ende ihrer aktiven Zeit der Schneidbrenner erspart. Die Gemeinde Steinheim (Murr) an der Bottwartalbahn erwarb die Lok und stellte sie am 22. August 1969 am dortigen Bahnhof als Denkmal auf. Dort steht sie noch heute, allerdings hat man zwischenzeitlich ihre Lampen und EDV-Lokschilder gestohlen, letztere wurden durch wenig gelungene Schilder mit modernen Klebeziffern ersetzt. *Foto: Sammlung Koppisch, Archiv transpress*

Die Zeit der sechziger Jahre wird im Bahnhof Friedewald Bad inszeniert. Deshalb auch der betagte »Wartburg« mit dem alten Kennzeichen für den Bezirk Dresden (1998). *Foto: R. Preuß*

Lokomotive 99 651

Die 1918 bei Henschel & Sohn gebaute Maschine ist nicht nur die älteste, sondern auch die einzige erhaltene, die für die sächsische Gattung VI K gebaut wurde (Betriebsnummer 220). Sie war die letzte betriebsfähige Schmalspurdampflokomotive der Deutschen Bundesbahn für die Spurweite von 750 mm und die einzige, an die von der Deutschen Bundesbahn die datenverarbeitungsgerechte Betriebsnummer angebracht wurde (099 651-2).

Nach Einsätzen bei der Müglitztalbahn (Heidenau–Altenberg), beim »Öchsle« (Biberach–Ochsenhausen) und im Bottwartal (Marbach–Heilbronn) sowie als Aushilfe auf der Federseebahn (Schussenried–Riedlingen) wurde sie am 25. Juli 1969 nach fünfzigjähriger Betriebszeit außer Betrieb gesetzt. Die Gemeinde Steinheim (Murr) kaufte die Lokomotive und stellte sie im einstigen Bahnhof Steinheim (Murr) am 22. August 1969 als Denkmal auf. Dort ist sie noch heute zu sehen.

Lokomotive 99 1713 (99 713)

Die in Sachsen für Sachsen gebaute Maschine fuhr die ersten Züge in Zittau. Sie kam auch zu den Lokomotivstationen Heidenau, Hainsberg, Klingenberg-Colmnitz und Wilsdruff (siehe Tabelle S. XX). Nach 1.181.335 Streckenkilometern wurde sie am 24.11.1972 abgestellt. Als 1975 auf der Strecke Radebeul Ost–Radeburg der Traditionsbetrieb begann, sollte neben der nicht mehr originalen Lokomotive 99 1539 (99 539, ehemals Gattung IV K) eine Maschine führen, die als historisch

Für Filmaufnahmen erhielt 1981 die noch heute betriebsfähige Traditionslok 99 1713 sogar einen Schlepptender, freilich als Imitat, die Filmleute wollten in Radeburg so die Lokomotive sehen, die auch in der unüblichen Richtung mit Schornstein nach Radebeul Ost stand. *Foto: Galistel*

gelten konnte und die einer einst zu der Strecke gehörenden Baureihe entsprach. Vorhanden war noch die Lokomotive 99 1713 (99 713), sie hatte erst 1963 einen neuen Kessel erhalten und konnte, was das Aussehen betraf, leicht in den Ursprungszustand zurückversetzt werden. Nach einer Hauptuntersuchung im Reichsbahnausbesserungswerk, das der Lokomotive die abgeschrägten Wasserkästen des alten Zustands anbaute, begann die Maschine am 20. Juni 1975 in Radebeul Ost mit ihrem Einsatz vor den Traditionszügen.

Mehrmals fuhr die Lokomotive vor der Filmkamera, unter anderem 1981. Dafür wurde die Lokomotive gedreht, so daß sie Schornstein voran in Richtung Radebeul Ost fahren mußte, für das Personal ein merkwürdiges Gefühl, entgegen aller Gewohnheit, Tender voran den Berg aus dem Lößnitztal hochzufahren. Zudem wurde der Lokomotive noch ein aus einem Kleinwagen gefertigter Schlepptender beigestellt. Großen Unwillen erregte unter der Bevölkerung, daß – weil der Film detailgetreu sein wollte – an das Führerhaus das Hoheitszeichen des Dritten Reiches befestigt wurde.

Die Lokomotive 99 1713 fuhr nicht immer auf der Stammstrecke. Zu besonderen Anlässen wurde sie auch zu anderen Strecken umgesetzt, so 1983 auf die Strecke Freital-Hainsberg–Kurort Kipsdorf, die 100 Jahre alt geworden war, und 1990 nach Zittau, wo der Bahnmeister jedoch Streckenfahrten verbot.

Wenn auf der Radebeuler Strecke Lokomotiven der Baureihe 99^{77-79} ausfielen, zog die Lokomotive 99 1713 auch Züge des Regelbetriebes – auch im Winter 1998. 1987 mußte die Lokomotive abgestellt werden, weil Schleifbacken für die Rückstellvorrichtung fehlten. Das Lokomotivpersonal sammelte privat Geld, damit nach einer gefundenen Backe das Modell angefertigt und neue Backen gegossen werden konnten. Dadurch war der weitere Betriebseinsatz gesichert. Die politische Wende erlaubte endlich, daß Experten nach Württemberg fahren durften, die da Fotos von der Lokomotive 99 716 anfertigten und von ihr Maße abnahmen. Danach wurden während einer Zwischenuntersuchung Wasser- und Kohlenkasten neu angefertigt und mit Nietenimitaten versehen. Der Kessel wurde aufgearbeitet, Teile des Kesselbauches ersetzt und eine neue Feuerbüchse eingebaut, die Radsatzgruppe erhielt neue Reifen, es wurde die Rauchkammertür durch eine vorbildgerechte ersetzt, außerdem arbeitete das Reichsbahnausbesserungswerk Zwickau das Sicherheitsventil der Lokomotive 99 715 auf, so daß es bei der Lokomotive 99 1713 verwendet werden konnte. Die Lastprobefahrt am 26. April 1991 verlief ohne Beanstandungen, am nächsten Tag fuhr die Lokomotive mit großen Zuspruch den Fotosonderzug.

1997 mußte die Treibachse ausgebaut werden, weil das Achslager ausgeschmolzen war.

Ende 1998 kam die Lokomotive in das Dampflokwerk Meiningen, und nach dem Aufenthalt von fast 12 Monaten wurde die Hauptuntersuchung abgenommen, so daß die Maschine bis zum Jahre 2003 für Sonderzüge einsatzbereit ist.

Mit der Umzeichnung der bei der Deutschen Reichsbahn stationierten Lokomotiven erhielt sie 1990 die Betriebsnummer 099 720 und gehört zum Geschäftsbereich Regio der Deutschen Bahn, Niederlassung Dresden. Von 1970 an war sie unter der Nummer 99 1713 gefahren. Die Lokomotive zeigt weiterhin die Nummer 99 1713 bzw. 99 713.

Lokomotive 99 715

Die bei der Sächsischen Maschinenfabrik 1927 gebaute Lokomotive kam zuerst nach Thum und wurde zu den Lokomotivstationen Heidenau, Wilsdruff und Frauenstein umgesetzt. Auch sie erhielt 1963 einen neuen Kessel. 1971 war sie Ausstellungsstück beim MOROP-Kongreß in Dresden, danach kam sie wieder auf die Frauensteiner Strecke und stürzte da als Zuglokomotive nach einer Entgleisung um. Sie wurde wieder hergerichtet und war noch bis zur Stillegung der Strecke Wilsdruff–Nossen beim Bahnbetriebswerk Wilsdruff eingesetzt. Danach stand sie abgestellt in Freital-Hainsberg, weil die Deutsche Reichsbahn hoffte, sie verkaufen zu können. Mitglieder der Arbeitsgemeinschaft

Viele Jahre stand 99 1715 als Ausstellungsstück im Bahnhof Radebeul Ost – später diente sie auch als Ersatzteilspender für die Lokomotive 99 1713. Mittlerweile ist sie bei der SOEG in Zittau und soll dort wieder betriebsfähig hergerichtet werden. (1971)
Foto: R. Preuß

3/58 des Deutschen Modelleisenbahnverbandes in Radebeul kümmerten sich darum, daß das Fahrzeug im Museumspark auf dem Bahnhof Radebeul Ost seinen Platz fand. Es wurde gepflegt und zugleich als Ersatzteilspender für die Lokomotive 99 1713 benutzt. Nach zwei Jahrzehnten beabsichtigte eine »Interessengemeinschaft Lok 99 715«, die Maschine fahrfertig herrichten zu können, und ließ sie am 28. Januar 1992 nach Freital-Hainsberg umsetzen und danach am 16. Juli 1992 auf ein Gleisjoch am ehemaligen Bahnbetriebswerk Wilsdruff als Denkmal aufstellen, um so an alte Zeiten auf dem Wilsdruffer Netz zu erinnern. Am 16. September 1994 kam die Lokomotive 99 715 in den Nossener Lokomotivschuppen unter Dach und Fach. Aus der Interessengemeinschaft war eine Gesellschaft bürgerlichen Rechts geworden, die die Lokomotive im November 1999 auf dem Schienenweg der Sächsisch-Oberlausitzer Eisenbahngesellschaft (SOEG) für 10 Jahre zur Nutzung übergab. Die Zittauer wollen die Maschine nach einer Hauptuntersuchung auf ihren Strecken im Museumsbetrieb einsetzen.

Lokomotive 99 716

Sie war die vorletzte der Baureihe 99^{64-71} und kam zuerst nach Thum, danach fuhr sie Züge von Hainsberg nach Kipsdorf und gehörte schließlich zum Zittauer Lokomotivbestand und war auch vier Jahre in Wilsdruff. Im April 1937 kam sie nach Württemberg, zunächst zur Bottwartalbahn, von 1938 an zur

Nach Jahren auf dem Denkmalsockel in Güglingen wurde die Lokomotive 99b 716 (»Rosa«) 1996/97 in Meiningen wieder aufgearbeitet und fährt seitdem auf der Strecke Warthausen–Ochsenhausen als Museumslok, das Bild zeigt sie im August 1998 bei Äpfingen.
Foto: J. Gassebner

Zabergäubahn. Für diese Einsätze mußten die Bremseinrichtungen auf die in Württemberg übliche Druckluftbremse umgestellt werden. Im Zabergäu leistete sie mit den Lokomotiven 99 671 und 672 den gesamten Streckendienst, war aber auch oft im benachbarten Bottwartal zu sehen. Ein Lokomotivheizer der Zabergäubahn übertrug der Maschine den Spitznamen seiner Frau »Rosa«. Auf der Bottwartalbahn ging im März 1965 die Dienstzeit von »Rosa« zu Ende, bis dahin hatte sie eine Laufleistung von 1.125.424 Streckenkilometer erreicht. »Rosa« blieb der Zabergäubahn als Denkmal erhalten. Am 28. November 1968 wurde sie in einer Halleneinrichtung des einstigen Güglinger Bahnhofs aufgestellt. Auf diesem Platz wäre die Lokomotive beinahe vergessen worden, wenn sich nicht Mitglieder des »Öchsle-Vereins« ihrer erinnerten, als man nach einer Lokomotive für Traditionsfahrten suchte. Der Ankauf der einstigen Öchsle-Lokomotive 99 651 war nicht zustande gekommen, nun half das Nürnberger Verkehrsmuseum, das die Lokomotive 99 716 als Dauerleihgabe zur Verfügung stellte. Einer Spendenaktion ist zu verdanken, daß sie zwischen 1995 und 1997 im Dampflokwerk Meiningen wieder fahrfertig hergerichtet werden konnte. Dazu wurden Kessel, Rahmen, Zylinder, Steuerung und Führerhaus erneuert. Am 21. Juni 1997 ging »Rosa« auf ihre zweite Jungfernfahrt. Damit hat das »Öchsle« wieder eine Dampflokomotive, und die Baureihe $99^{64\text{-}71}$ ist wieder im Württembergischen vertreten.

Lokomotive 99 193

Die 1927 von der Maschinenfabrik Esslingen an die DRG gelieferte Maschine entstammte einer Serie von insgesamt vier Lokomtiven, die ursprünglich noch von der Königlich Württembergischen Staats-

Auch von der meterspurigen Variante ist mit der Lokomotive 99 193 ein Exemplar erhalten geblieben. Als Museumslok zog sie lange Zeit Züge auf der schweizerischen Touristenbahn Blonay–Chamby am Genfersee, zur Zeit ist sie abgestellt. Am 2. Mai 1981 dampfte sie noch über den fotogenen Viadukt bei Blonay. *Foto: J. Krantz*

bahn als Klasse Ts 5 geplant war und die Lokomotiven der Klassen Ts 3 und Ts 4 auf der Strecke Nagold–Altensteig ablösen sollten.

Alle vier Lokomotiven kamen zunächst zur Einsatzstelle Altensteig des Bahnwerkes Freudenstadt, zwei Maschinen (99 191 und 99 194) verschlug es durch den Krieg in fremde Gefilde, 99 192 und 99 193 blieben dem »Altensteigerle« treu. Nach der Ausmusterung der Lokomotive 99 192 im Jahr 1959 war die Lokomotive 99 193 die letzte Ts 5 im Nordschwarzwald. Sie blieb zeit ihres »Staatsbahn-Daseins« ihrer Stammstrecke treu und schied erst durch die Stillegung und den anschließenden Abbau der Strecke Nagold–Altensteig am 30. November 1967 aus den Diensten der Deutschen Bundesbahn. Die schweizerische Museumsbahnvereinigung »Eurovapor« erwarb schließlich die Lokomtive und brachte sie zur Museumsbahn Blonay–Chamby oberhalb des Genfer Sees. Dort zog sie jahrelang Touristikzüge. Derzeit ist sie im dortigen Museum nicht betriebsfähig ausgestellt, doch ist nicht auszuschließen, daß sie eines Tages für den Fahrbetrieb wieder hergerichtet wird.

Anhang

Quellennachweis

[1] Ledig, Ulbricht, Die schmalspurigen Staatseisenbahnen im Königreiche Sachsen. Leipzig 1895

[2] Alfred B. Gottwaldt, Heeresfeldbahnen, Stuttgart 1986

[3] Adolf Becker, Die Bröltalbahn/Rhein-Sieg-Eisenbahn, Niederkassel-Mondorf 1988

[4] Claus Schuchardt, Sächsische VI K, Radebeul 1996

[5] Ingrid Stubenrauch, Das Öchsle, Freiburg 1983

[6] Betriebsbücher aus der Sammlung Wohllebe, Chemnitz

[7] Hans-Christoph Thiel, Die Weißeritztalbahn, Nordhorn 1994

[8] Bauordnung für Bahnanlagen und Fahrzeuge der Schmalspurbahnen des allgemeinen Verkehrs (BS), RGBl 1934, Teil II

[9] Die Dampflokomotive, Berlin 1964